생물물리학

M. V. VOLKENSTEIN

홍영남 · 강주상 공역

을유문화사

M.V. Volkenstein

Physics and Biology

머 리 말

이 책은 생물물리학과 관계되는 현대 과학에서 일어나는 주요 문제들을 알고자 하는 독자를 위하여 쓰여졌다. 생물학, 물리학 및 화학의 놀랄 만한 발전으로 말미암아 생물학적인 물리학이 형성되기 시작했다. 생물물리학은, 이론 물리학적인 법칙과 실험 물리학적인 방법으로 생명을 연구하는 과학의 한 분야이다. 이러한 연구 방법은 매우 신빙성이 있어서 생물물리학적으로 일련의 생물학적 현상들을 이해할 수 있게 하였고, 이미 이론이나 실용면에서 중요한 발견들이 나타났다. 한편으로 생물물리학은 이론 생물학의 발전에 기여하며, 다른 한편으로는 의학, 약학, 환경학 및 농학 등에도 기여하고 있다.

이 책의 주요 목표는 물리학의 지식으로 생명을 이해할 수 있다는 무한한 가능성을 보이는 데 있다. 그러나 이러한 가능성은 생물학(및 화학)과 무관하게 이루어질 수는 없다. 오늘날은 과학의 여러 분야가 통합되는 시대이므로 우리는 단순한 물리학자, 생물학자 또는 화학자가 아닌 넓은 의미의 자연 과학자가 되어야 한다. 과학은 통합되고 있다. 그러므로 생명에 관해서 공부하려면 동물학, 식물학, 세포학 및 생리학을 알 필요가 있다.

순수한 의미에서 생물물리학은 비교적 일천한 과학 분야이다. 생물학적 지식이 부족하기 때문에 물리학적 해결이 불가능한 문제들을 우리는 자주 당면하게 된다. 그러므로 생물물리학과 관계되는 것처럼 보이는 추리적, 사이비 과학적인 착상을 보고 놀라서는 안된다. 이들 중 몇 가지 아이디어는 마지막 장에서 다루고 있다. 비록 역사는 짧아도 생물물리학은 진실과 의태를 구별할 수 있다.

비교적 대중을 위한 논리 체계로 전개하고 있지만, 독자는 자주 이 책 속의 수학 공식과 접하게 될 것이다. 그러나 일반 물리학과 일반 수학을 공부한 화학도나 생물학도는 이러한 수식들을 이해하는 데 아무 문제가 없을 것이다.

물론 생물물리학을 더욱 깊이 이해하려면 독자는 다른 책들을 더 읽어야 한다. 그 중에서 대중적이거나 학술적인 참고 문헌들이 이 책의 끝에 실려 있다.

이 책에 대한 서슴없는 논평을 저자는 고맙게 받아들이겠다.

M. V. Volkenstein

역자의 말

생물물리학이란 도대체 어떤 학문인가? 한마디로 대답하기 어려운 질문이다. 그러나 간단하게 기술하자면 생물물리학이란 '생물학과 물리학을 연결시키려는 학문분야'라고 할 수 있다. 생물학의 과학적 접근은 물리학보다는 훨씬 뒤늦게 Darwin이 진화론을 발표한 때를 기점으로 하여 시작되었으나, 지난 한 세기 동안 물리학 및 화학적인 방법을 도입함으로써 논리적인 체계를 세울 수 있었다. 이는 앞으로 이론 생물학을 확립시키는 데 크게 기여할 것으로 믿는다.

독자들이 이 책을 읽어 나가는 가운데 생물물리학이 무엇인가에 대한 해답을 찾을 수 있으리라 생각한다. 이 책에서 독자는 생명에 관한 여러 가지 문제를 과학적으로 해결하는 방법이 얼마나 중요한 것인가를 깨닫게 될 것이다. 또한 비생명체에 관한 현상에서 알아낸 물리학적인 원리와 법칙으로서만 생명 현상을 설명하기에 충분한가는 독자들 스스로 반문하기 바란다.

역자들은 몇 해 동안 생물물리학을 강의하면서 마땅한 교재를 선택하지 못해 항상 고심하던 중 세계적으로 널리 알려진 생물물리학자 중 한 분으로서 생물물리학에 관한 많은 저서를 펴낸 바 있는 소련 학술원 회원인 Volkenstein 박사의 저서 *Physics and Biology*(Academic Press, 1982)가 출판된 것을 계기로 이를 번역하게 되었다.

이 책은 비교적 쉽고 논리적으로 쓰어져 있다. 독자들은 이 책에서 간단한 수학 공식들을 접하게 될 것이다. 그러나 이것들은 일반 물리학 정도의 수준이므로 아무 어려움 없이 기본 개념 파악에 도움이 되리라 믿는다. 이 책의 특징은 물질의 구조, 에너지 및 정보에 대한 물리학적 지식이 어떻게 생명 현상에 적용될 수 있는가를 쉽게 소개하였고, 특히 생물물리학을 접할 때 범하기 쉬운 예로서 사이비 과학을 이야기하면서 마지막 장을 맺고 있다.

이 책을 번역함에 있어서 역자들은 저자의 의도를 그대로 옮기도록 최대한 노력을 기울였다. 그러나 측정 단위는 최근의 경향을 따라서 국제단위계(SI : 흔히 최신 미터법으로 알려져 있음)로 모두 고쳤다. 이 단위는 국제 사회에서 급속히 보급되는 가장 편리하고 과학적인 단위이기 때문이다.

끝으로 한 가지 아쉬움이 있다면 저자의 인용 문헌이 대부분 소련 학자들의 것이어서 참고하기가 힘들다는 것이다. 그러나 이 책은 생물물리학을 소개하는 일반 교양서이므로, 고급 생물물리학 책에서 넓은 범위의 인용 문헌에 접하게 될 것이다.

1993년 8월
역 자 씀

생물물리학

□

차 례

제1장

현대 생물물리학

20세기 초기에 자연 과학은 가속적으로 발전하는 시대로 접어들었다. 시간과 공간, 물질과 복사와 같은 과학의 기본 개념에 커다란 변화가 있었다. 20세기의 과학 발달은 물리학에서의 혁신을 통하여 재조명되었는데 상대성이론과 양자역학으로 절정을 이루었다. 물리학에서의 혁명은 화학의 기본 개념도 완전히 바꾸어 놓았다. Mendeleev의 주기율법칙에 대한 설명이나, 화학결합과 반응의 이론적 취급이 그 예라 할 수 있다. 전에는 화학열화학, 용액이론, 반응속도론 등 현상론적 수준에서 연결이 되던 물리학과 화학이 참된 의미에서 통합되었다. 과학을 바라보는 견해에도 큰 변화가 있었다. 지식은 점점 전문화되면서 한편으로는 이 지식들을 통합하려는 경향이 강하게 나타났다.

20세기 후반기에 물리학, 화학 및 생물학이 분자생물학이라는 학문분야로 통합되어 생명에 대한 기본 현상을 물리적, 화학적으로 알 수 있게 되었다. 동시에 인공두뇌학, 정보이론과 같은 전혀 새로운 분야의 과학이 생겨났다. 순수과학과 응용과학의 관계도 변했다. 또한 이론과 실제 응용간의 간격도 좁아졌다. 인문학도 과학·기술적 혁명의 시대로 접어들어 자연 과학, 인문 과학, 기술, 농학, 의학 등 모든 분야에 영향을 미쳤다.

인류의 역사상 전례가 없는 이러한 상황에서 물리학과 생물학간의 관계에 대한 문제들은 매우 중요한 성격을 띠게 되었다. 주로 비생명체에 대한 현상의 연구에서 알아낸 물리학적 원리와 법칙으로 생명 현상을 설명하기에 충분한가?

이에 대해 여러 해답이 가능하다. 첫번째 해답은 긍정적으로 현재의 물리학 법칙으로도 충분하다는 것이다. 두번째는 충분하지 않다는 것이다. 나중 견해에 따르면 생명 현상에 대한 물리학인 생물물리학은 장차 발전하여 현재의 물리법칙과 모순되지 않는 전혀 새로운 물리적 원리와 법칙의 발견에 이르게 될 것이다. 이 새로운 물리학은 생명 현상을 과학적으로 설명할 수 있는 근거를 이룰 것이다. 세번째 해답은 부정적이다. 물리학은 현재에도 그렇지만 미래에도 결코 생명 현상을 설명할 수 없다는 견해이다. 생명 현상은 모두 생물학적 법칙을 따르므로 물리・화학적 방법으로는 설명될 수 없기 때문이라는 것이다. 마지막 해답의 가능성은 생기론에서 유래되었는데 19세기 생물학에서 널리 신봉되었고 오늘날에도 일부에서는 아직도 믿고 있다.

마지막으로 Niels Bohr의 착상은 이 문제 해결에서 특수한 위치를 차지하고 있다〔1〕.

Bohr는 상보성 원리를 체계화하였는데 이 원리에 의하면 물질 세계를 조사할 때 항상 상보적 성격과 개념에 부딪친다는 것이다. 가령 미시 세계의 물리학인 양자역학을 예로 들면 미시입자의 위치와 속도는 서로 상보적이다. 즉, 이들 각각의 물리량은 따로 얼마든지 정밀하게 측정할 수 있지만 동시에 둘을 정확히 측정할 수는 없다. 전자(electron)의 위치를 정확히 측정한다면 그 속도를 아는 것은 불가능하며, 반대의 경우에도 마찬가지이다. 좌표와 속도의 부정확한 정도인 Δx, Δv 사이에는 Heisenberg의 불확정성의 원리가 적용된다(〔2〕를 참고할 것).

$$\Delta x \Delta v \geqq \frac{h}{4\pi m} \tag{1}$$

여기서 m은 전자의 질량이며 $h=6.63\times10^{-34}$J・s는 Planck 상수이다. 위의 식에서 볼 수 있는 바와 같이 Δx가 영에 가까워지면 Δv가 무한대로 되고, 반대의 경우에도 마찬가지이다.

Bohr는 생물학적 법칙도 비생명체에 대한 법칙들과 상보적이라고 생각했다. 말하자면 세포나 유기물의 원자 및 분자 구조와 전체의 생물학적 체계의 행동을 동시에 아는 것은 불가능하다는 것이다. Bohr의 견해로는 작용의 양자(quantum)가 더 이상 분석할 수 없는 원자물리학의 근거가 되는 것과 같이 생명도 더 이상 분석할 수 없는 생물학의 기본 가정이다〔1〕. 따라서 비록 서로 모순은 되지 않더라도 한편으로는 생물학, 다른 한편으로는 물리학 및 화학이 되는 것은 양립할 수 없는 것처럼 보인다.

그러나 Bohr는 나중에 견해를 바꾸었다. 물리적 과학과 생물학 간의 상보성 대신, 실제로는 생물학에 적용되는 물리화학적 사고와, 유기체의 보전과 직접 관계되는 개념과의 상보성으로 생각하기 시작했다. 실제의 현상은 생명에 대한 가상적 개념에 의하여 결정되는 것이 아니라 생명체의 매우 복잡한 성질에 의해 결정된다. 생전의 Bohr는 생물학과 물리학에 대한 실용적 상보성만을 이야기했을 뿐이다〔3〕(참고 문헌〔4〕에 포함된 Bohr가 저자에게 보낸 편지를 참고할 것).

출발점으로 돌아가서 문제를 진지하게 분석하려면, 물리학이 무엇인지를 알 필요가 있다. 물리학은 구체적 유형을 가진 물질(복사도 포함)의 구조와 성질, 이들이 존재하는 형태, 공간 및 시간을 연구하는 학문이다. 이러한 정의는 아주 일반적이지만 지금까지 물리학의 발달을 살펴보면 옳은 말이다. 현대 물리학의 주요 문제로는 우주의 과거, 현재 및 미래를 전체적으로 이해하려는 우주론과 미시우주의 연구에 대한 소립자물리학이 있다. 이 두 분야는 서로 밀접한 관계를 가지고 있다.

화학과 생물학은 또 다른 기초 자연 과학이다. 화학은 화학 반응에서 원자와 분자의 전자 껍질의 변환에 대한 과학이며, 생물학은 생명 현상에 대한 과학이다. 자연 과학을 이렇게 세 가지 분야로 나누는 것은 절대적이 아니므로 물리학, 화학, 생물학의 정의는 서로 독자적으로 존재할 수 없음을 알 수 있다. 즉, 한 가지의 정의에서 다른 것들이 배제되지 않는다. 물론 위에서 말한 세 과학 분야는 실제로 존재하고, 또 꾸준히 발전해 온 학문임에 틀림없다.

물리학의 일반적 정의에 따르면 다른 자연 과학 분야, 특히 화학과 생물학은 물리학의 일부로 환원된다고 생각할 수 있을지도 모른다. 자연 과학은 모두 물질을 연구하기 때문이다. 그러면 Aristoteles가 말한 것처럼 형이하학적으로 물리학을 이해하는 단계가 되었는가? 또한 물리학과 자연 과학은 동일은 개념의 학문인가?

그렇지 않다. 화학과 생물학은 그 나름대로 독자적 연구 방법이 있고 그 결과로 얻어진 법칙에 의하여 기술된다. 이러한 입장에서 보면 물리학의 일부로 환원된다는 것은 아무 의미가 없다. 그러므로 물리학은 자연 과학의 모든 분야에 대한 이론적 근거만을 형성해 준다고 말할 수 있다. 이렇게 이론적 근거를 확립해 줌으로써 과학의 각 분야에서 다루는 현상에 대한 기본적 법칙의 발견에 큰 공헌을 하고 있다. 화학에서는 이미 이 근거가 잘 확립되어 있다. 그러나 생물학은 훨씬 더 복잡한 현상을 취급하고 있으므로 아직 근거가 잘 마련되어 있지 않다. 하지만 현재 물리학의 테두리 안에서 계속 나아가면 물리학이 미래의 이론생물학의 근거가 될 것이라고 결론지을 수밖에 없다.

그러나 이러한 논리는 일반적 추리에만 근거를 두고 있기 때문에 매우 불충분하다. 물리학과 생물학의 관계를 고려하려면 다음을 살펴볼 필요가 있다. 현재 물리학이 생물학에 도움이 되는 바는 무엇인가? 생명 현상의 본질적인 문제에 대하여 물리학은 어떻게 답하는가? 생물물리학은 어떻게 발달하고 있는가? 또한 생물물리학은 근본적인 한계에 이르렀는가? 차차 알게 되겠지만 생물학적 현상을 이해하는 데 현대 물리학으로 충분하다고 믿을 만한 이유가 있다. 다시 말하자면 현존하는 물리학을 생물학에 응용하는 데에는 아무런 제한이 없다. 그러므로 생물학으로 인하여 새로운 물리학이 창조되어야 할 이유가 없다.

과학에서는 실제로 새로운 물리학의 창조가 요구된 때가 있다. 움직이는 물체가 내는 전자기장에 관한 모순점을 고전 전자기학으로는 설명할 수 없기 때문에 상대성이론이 생겨났다. Einstein이 처음으로 특수 상대성이론을 체계화한 1905년의 유명한 논문은 "움직이는 물체의 전자기학에 관하여(Zur Elektrodynamik bewegter Körper)"라는 제목이었다. 마찬가지로 고체의 복사현상을 조사해 볼 때 고전 물리학으로 해결할 수 없는 교착 상태를 극복하기 위하여 양자역학이 창조되었다. 위의 두 가지 경우에 새로운 이론은 기존 이론들을 배제한 것이 아니고 그들을 특수한 경우로 존속시켰다.

물리학과 생물학에 관계되는 문제를 해결하려면 소립자에서 출발하여 은하계와 우주 전체까지 미치는 거대한 분류 체계에서 세포와 유기체가 차지하는 위치를 조사하여야 한다. 생명에 대한 주요 현상들을 끄집어 내어 비생명체의 현상과의 유사점 및 상이점을 확인하는 것이 중요하다. 그 동안 발전해 온 생물학의 덕택으로 오늘날에는 문제점이 무엇인지를 제기할 수 있을 뿐만 아니라, 부분적으로 대답도 가능하게 되었다.

세포와 유기체는 수많은 원자와 분자로 되어 있는 거시적 체계이다. 지금까지 알려진 것 중에서 가장 작은 세포인 *Mycoplasma laidlavii*라는 박테리아도 원자보다 10억 배나 큰 부피를 가지고 있다. 따라서 세포와 유기체에 대한 생물학적 물리학은 미시 세계의 물리학과 직접 연관시킬 수 없다. 그러나 생물학적 기능을 수행하는 원자 및 분자의 구조와 성질을 조사할 때에는 양자역학은 생물학과 관계를 갖는다.

생명체는 두 가지의 주요한 특징을 가지고 있다. 첫째로 이들은 개방된 체계로 주위의 환경과 물질 및 에너지를 교환한다. 둘째로 생명체는 역사를 지닌다. 각각의 세포와 유기체는 시간이 지나면 변하고 발달하므로, 현재의 상태는 개체 발생과 일반적인 진화적 발달의 결과로 생긴 것이다.

이 단계에서 생명을 정의할 필요가 있다. 19세기의 화학과 생물학에 근거를 두어 최초로 과학적 정의를 한 것 가운데 하나는 Engels의 정의이다. 즉, "생명은 단백질이 존재하는 한 형태로 근본적인 특징은 주위 환경과 끊임없이 물질을 교환하는 것이다."[5] 이 정의에서는 두 가지 개념이 강조되고 있다. 첫번째는 생명 현상에서 단백질이 결정적 역할을 한다는 것이다. 과학이 더욱 발달하면서 이 개념은 확인되었다. 오늘날, 우리가 알고 있는 바와 같이 단백질은 생명체 내부에서 일어나는 모든 과정에 관여하고 있다. 물론 다른 물질들도 중요하며 특히 핵산은 세포에서 단백질의 합성을 담당한다. Engels의 정의에 담겨진 두번째 개념은 신진 대사로서 물질의 교환을 통해 생명체를 개방된 체계로 만들어 준다.

그러면 현재의 생물학, 생화학 및 생물물리학에 근거를 두어 생명체에 대한 정의를 확장해 보자.

생명체는 개방되고, 자기 조절적이며 자가 증식하는 체계로 조금도 평형 상태에 가깝지 않으며 각개의 진화적 과정을 통해 비가역적으로 발달하고 있다. 또한 크고 작은 다양한 분자들로 구성된 이질적 체계이다. 유기체에서 가장 중요한 물질은 생물 중합체와 단백질, 핵산과 같은 큰 분자들이다.

생명체의 이질성을 강조해야 하겠다. '생명을 가진 분자'라는 것은 존재하지 않는다. 비록 복잡한 구조를 가지고 있지만 단백질이나 핵산의 단일 분자는 생명이 없으며, 이런 의미에서는 설탕이나 CO_2의 분자와 똑같다. 이렇게 생명의 정의에 부합되는 체계의 창조와 존재는 물리학의 여러 문제와 관련되어 있음이 분명하다. 물리학으로 생명 현상을 설명해야 한다면 우선 다음이 이루어져야 한다.

(1) 개방된 비평형 체계를 기술하는 주요한 법칙과 관련되어야 한다. 그러면 생명에 대한 열역학적 근거를 알게 될 것이다.
(2) 진화 및 개체 발생 과정을 이론적으로 해석할 수 있어야 한다.
(3) 자기 조절과 자가 증식 현상을 설명할 수 있어야 한다.
(4) 원자-분자 수준에서 생물학적 과정의 성격을 알아내어야 한다. 즉, 단백질, 핵산 및 세포내에서 활동하는 다른 물질의 구조와 생물학적 기능 간의 관계를 알아내야 하고, 생명체를 구성하는 세포와 세포소기관(organoid)의 수준에서 물리적 현상을 연구하여야 한다.
(5) 생물학적 기능을 가지는 물질과 이들로 만들어진 분자보다 큰 구조를 조사할 수 있는 물리 및 물리화학적 방법을 고안하고 이론적으로 설명할 수 있어야 한다.
(6) 신경 흥분의 생성과 전도, 근육의 수축, 감각 기관에 의한 외부 신호의 감지 및 광합성 등 광범위하고도 복잡한 생리학적 현상

을 물리적으로 설명할 수 있어야 한다.

이상의 여섯 가지 분야에서 현재 상당한 성공을 거두고 있다. 그렇지만 생명체는 지극히 복잡하며, 생물학적, 생화학적 및 생물물리학적 지식이 불충분하기 때문에 현재의 과학으로 생명 현상을 진실로 이해했다고는 할 수 없다. 생물학에서 몇 개의 제한된 경우에 한하여 엄격한 물리적 문제로, 즉 일반적 물리학 법칙에 근거하여 원자-분자의 수준에서 문제로 제시하는 것이 이제는 가능하다. 그러나 기본적 생물학의 문제들은 아직도 물리학 및 화학에서 크게 동떨어져 있다. 고등 척추동물의 기억이나 사고라든지, 곤충이 가지고 있는 복잡한 본능적 행동 같은 고도의 신경 활동에 대한 정체는 거의 알려진 바가 없다.

위에 열거한 항목들은 생물물리학의 과제이다. 이 과학 분야는 생물학에서 보조적 역할을 해 왔는데 현재에는 생명 현상에 대한 올바른 물리학으로 탈바꿈하고 있다. 생물학자들이 이 말에 모두 동의하는 것은 아니다. 많은 사람들은 생물 물리학의 목적은 물리학적 방법을 생물학에 응용하는 것이라고 믿는데 이것은 틀린 견해이다. 처음부터 생물학에서는 상당히 복잡한 물리 기구인 현미경을 사용해 왔다. 좀더 간단한 물리 기구로서 의학용 온도계를 들 수 있다. 어떤 사람은 너무 복잡해서 이해할 수 없는 기구를 사용하는 의사의 일이 생물물리학이라고 풍자적으로 정의하기도 하지만, 현미경이나 온도계 심지어는 심전계를 사용해도 생물물리학이라고 할 수는 없다.

물론 구체적 방법이 과학의 어느 분야에서 왔는가는 사실상 중요하지 않다. 생명 현상에 관계되는 문제를 물리학적으로 체계화함으로써 생물물리학적 연구는 시작된다. 그러나 이러한 문제는 과학적으로 타당하기만 하면 생물학적이나 화학적인 방법 등으로도 풀 수 있다.

물리학과 생물학의 유대는 상당히 오래되었다. Descartes는 인체를 일종의 기계로 취급하여 혈액 순환을 역학적으로 설명하려 하였다. Borelli의 두 권으로 된 저서 〈동물의 운동에 관하여(*About the Motion of Animals*(1680~1681))〉에서도 비슷한 착상이 있었다. 초기의 역학적 개념은 아주 단순하였으나 당시로서는 매우 진보적인 이론이었다. 왜냐하면 생명 현상에 대한 과학적 해설을 시도했기 때문이다. 18세기에 발견된 전기 현상으로 인하여 생명의 주요 조정 장치로서 '동물 전기'의 개념이 도입되었다. Galvani는 전기적 자극으로 근육이 수축하는 것을 발견하였고, 동물 전기와 기계 전기는 동일하다는 중요한 결론을 얻었다. 이러한 발견들의 결과로 생명체와 비생명체의 물리적 과정을 통합적으로 이해하게 되었다. "생리학자들은 생명체의 운동 요인을 물리학의 입장에서 보아야 한다"라고 Lomonosov는 말한 바 있다.

1780년 Lavoisier는 연소와 호흡을 동일한 과정으로 입증하였으며, 1828년 Wöhler는 생명체로부터만 얻을 수 있다고 생각했던 요소(尿素)를 무기물질에서 합성하였다. 생명에 관한 화학이 일반적 화학과 통합되기 시작한 것이다.

19세기에 생물학을 과학적으로 연구하는 토대가 이루어졌다. Darwin은 진화론을 제창하였고, Mendel은 유전학의 기본 법칙을 발견하였다. 생물학적 현상의 연구는 물리학에도 큰 충격을 주었다. 생리적 및 의학적 문제를 연구한 Mayer와 Helmholtz는 에너지 보존법칙을 발견하였다. 1841년 Mayer는 열대 지방에 사는 사람의 정맥피의 색깔은 동맥피같이 맑다는 사실을 주의깊게 보았다. 여기서 그는 주위의 온도가 올라갈 경우 체온을 일정한 온도로 유지하는 데에는 에너지가 덜 필요하다고 결론지었고, 에너지 보존에 대한 일반 법칙을 알아냈으며, 열의 일 해당량을 추정하게 되었다. Helmholtz는 생기론을 연구했는데 그에 의하면 생명 현상은 과학적 인식으로는 알 수 없는 생활력에 의하여 결정되며, 유기체는 영구적인 운동의 성격을 띠고 있다. 그는 1847년에 영구적인 운동이 존재할 수 없다는 근거하에 물리학적 문제를 생각하였으며 에너지 보존법칙을 체계화함으로써 문제를 풀었다. 19세기 말에 이르러 열역학 제1법칙으로 알려진 에너지 보존법칙은 생명체에서도 정량적으로 확인되었다. 조금 과장해서 말해서, 물리학이 생물학에 현미경을 주었다면 생물학은 물리학에 에너지 보존법칙을 주었다고 할 수 있다.

통계역학의 창시자인 Boltzmann은 19세기를 Darwin의 세기라 하고 물리적 체계의 시간적 변화에 대한 역학적 근거를 찾으려고 노력하였다. 이 변화 과정은 열역학 제2법칙으로 기술되는데, 이에 의하면 고립된 물리적 체계는 최대의 무질서(엔트로피)인 평형 상태로 진화하고 있다는 것이다.

19세기 후반과 20세기 초에 걸쳐서 일단의 생리학적 과정들이 물리학적으로 연구되었다. 특기할 것은 Helmholtz가 시각, 청각 및 근육의 수축을 물리학적으로 조사했다는 점이다. 그는 신경 흥분의 전도 속도를 최초로 측정한 사람이다. Bernstein은 1902년 생물 퍼텐셜(biopotential)을 알아내었고 신경 자극에 대한 이온적 성격을 확립하였다. 유전에 대하여 분자물리학적 해석을 한 초기의 사람은 Koltsov (1928)[6]인데 그는 최초로 유전자에 대한 분자 모형을 제시하였다. Bauer는 생명을 열역학적으로 해석해야 한다고 처음으로 주장한 사람이다. 즉, 생명이란 개방되고 비평형 상태에서 일어나는 과정들의 연속이라는 것이다[7]. 그 후에 생명 현상에 대한 열역학이 Bertalanffy, Onsager, Prigogine 등에 의하여 발달하였다. 1930년 Volterra는 동물 집단간의 상호 작용에 대한 소위 '포식—피식 관계' 이론을 수학적으로 분석하였다[8]. 이 논문은 생물학적 과정에 대한 현대의 물리수학적 모델의 출발점이 되었다. 생물학적 열역학과 수학적 모델에 대해서는 이 책의 뒷장에서 언급하겠다.

1935년 Delbrück, Tymofeev-Resovski 및 Zimmer는 돌연변이에 대한 물리적 성격을 알아내었다. 1945년에는 양자 역학의 창시자인 Schrödinger가 〈생명이란 무엇인가? 살아 있는 세포의 물리학적 양상(*What is Life? The Physical Aspect of the Living Cell*)〉[9]이라는 책을 발표하여 분자생물학과 생물물리학의 발전에 큰 역할을 하였다. Bohr와는 달리 Schrödinger는 생명 현상을 일반적인 물리법칙으로 해석할 수 있는 가능성을 시사했다. 그는 몇 개의 기본적 물리 문제를 제기하였고 일부는 분명한 해답도 함께 주었다. 나머지는 후에 분자생물학에서 풀렸다.

Schrödinger가 논의한 최초의 중요한 것은 어떻게 유기체의 비평형 상태가 계속 유지되고 있는가 하는 문제이다. 그의 해답은 유기체에서 외부로 엔트로피(*entropy*)가 유출되므로 이러한 상태가 지속한다는 것이다.

그 다음은 왜 원자가 작은가 하는 문제이다. 그렇지만 우선 작다는 말이 무슨 의미를 가지는가 하고 반문할 수 있다. 무엇과 비교하여 작다는 말인가? 그것은 인체의 크기와 비교할 때 원자는 작다는 것이다. 사람이나 가장 작은 세포까지도 수많은 원자들로 되어 있다. 그러므로 문제를 바꾸어 다음과 같은 의문을 제기할 수 있다. 왜 유기체는 수많은 원자로 되어 있는가? Schrödinger는, 작은 수의 원자로 되어 있는 체계는 질서를 가질 수 없기 때문이라고 하였다. 열운동에 의한 우연한 동요에도 질서가 깨어지기 때문이다.

세번째 의문은 가벼운 원자 C, H, N, O, P로 구성된 유전물질의 분자인 유전자가 어떻게 해서 고도로 안정한 상태에 있는가? 라는 것이다. 유전학적 특징과 생물학적 종의 일관성은 여러 세대를 내려오면서도 계속 보전되고 있다. 물리학적 종의 일관성은 여러 세대를 내려오면서도 계속 보전되고 있다. 물리학의 도움으로 분자생물학에서 이 문제는 해결되었다. 유전자 분자의 구조와 성질, 즉 DNA(deoxyribonucleic acid) 분자를 알아냈기 때문이다.

지금까지 생물물리학의 역사를 아주 간단하게 기술하였다. 오늘날에는 생물학적 물리학이 여러 개의 방향으로 광범위하게 발전하고 있는데 크게 분류하면 대개 다음의 세 가지로 나눌 수 있다.

(1) 생물학적 기능을 가진 물질과 이들로 구성된 복합체의 구조와 성질을 연구하는 분자생물물리학,

(2) 분자 이상의 체계 또는 세포 및 아세포 체계(subcellular system)를 연구하는 세포생물물리학,

(3) 세포, 유기체의 생리적 체계, 유기체, 개체군, 생물권 전체에서 일어나는 생물학적 과정을 주로 물리수학적 모델로 다루는 복잡한 시스템의 생물물리학.

생물학적 열역학, 정보이론, 생물학적 발달에 대한 물리이론의 기본 문제들은 복잡한 시스템의 생물물리학과 연관이 있다.

이 책에서는 위의 순서를 따라서 분자생물물리학에서 시작하여 기본 문제들의 논의로 끝마치겠다.

제2장

물리학과 화학

생물학적 기능을 가진 물질을 다루기 전에 우선 이론 화학의 물리적 토대를 고려해야 한다. 세포나 유기체의 모든 생명 현상은 크고 작은 분자들과 이온들의 상호작용인 화학반응에 의하여 결정된다. 화학이 없이는 생물물리학은 불가능하다.

현대의 이론 화학을 여기서 기술할 필요는 없다. 이에 관한 책들이 이미 많이 출판되었기 때문이다(예를 들면 참고 문헌 [4]를 참고). 따라서 분자생물물리학을 이해하는 데 필요한 몇 가지 개념만을 강조하고자 한다.

고전 화학에서는 한 개, 두 개 또는 세 개의 원자가 선(valence line)으로 표현하는 단일 또는 다중 원자가 결합으로 구별된다.

$$H_3C{-}CH_3 \qquad H_2C{=}CH_2 \qquad H{-}C{\equiv}C{-}H$$

에탄 　　　　 에틸렌 　　　　 아세틸렌

화학에서는 다중결합이 포함되는 반응으로 이러한 구조 공식들을 잘 논의하고 있다. 예를 들어 에틸렌이 브롬화하는 과정에서, 탄소 원자간의 결합이 한 개 끊어져 포화 복합물을 만든다.

$$H_2C{=}CH_2 + Br_2 \rightarrow BrH_2C{-}CH_2Br$$

에틸렌 　　 브롬 　　 1, 2-이브롬에탄

물리학적 입장에서 볼 경우 이것은 무엇을 의미하는가? 분자를 형성하고 있는 원자는, 원자핵과 그 주위를 둘러싸고 있는 전자들로 되어 있다. 또한 원자핵은 양성자와 중성자로 되어 있다. 양자역학으로 원자내 전자들의 에너지 상태가 결정된다. 이 에너지들은 이산적이다. 즉, 원자내의 전자들은 특정한 에너지 준위들만 가질 수 있다. 공유결합이 이루어지면 원자들이 외부에 있는 전자들을 서로 공유하게 된다. 가장 간단한 수소 분자의 경우 단 두 개의 전자들로 화학 결합이 이루어진다. 수소 분자는 도식적으로 다음과 같이 나타낼 수 있다.

$$H:H$$

그러므로 전자 한 쌍은 한 개의 원자가 선에 해당된다. 원자에서 에너지가 가장 높은 외부 전자들의 수를 알면 원자가를 결정할 수 있다. 가령 질소는 세 개의 외부 전자를 가지므로 원자가는 3이다. 양자역학으로 화학 결합의 모든 특성(결합을 파괴하는 데 필요한 에너지, 결합의 길이, 결합의 기하학적 배열)을 계산할 수 있다. 현재 이러한 계산은 상당히 정확해서 간단한 분자의 경우에는 실험값과 일치한다.

여기에서 고전 화학의 위력을 강조하지 않을 수 없다. 양자역학이 생겨나 분자 구조를 정량적으로 분석할 수 있는(X선을 사용한 결정분석 같은) 물리적 방법이 발달하기 훨씬 이전에 이미 화학에서는 수많은 복합물에 대한 구조 공식을 알았고 기하학적 구조도 정성적으로 판단할 수 있었다.

오늘날 우리들은 양자역학적 계산과 물리 실험의 결과, 완전히 포화된 화합물에서 탄소의 네 원자가 정사면체를 이루고 있고 C−C결합의 길이는 154 pm(1 pm$=10^{-12}$ m$=1/100$ Å), C−H결합의 길이는 108 pm인 것을 잘 알고 있다. 또한 C−C 결합에너지는 350 kJ/mol, C−H 결합 에너지는 424 kJ/mol인 것도 알고 있다.

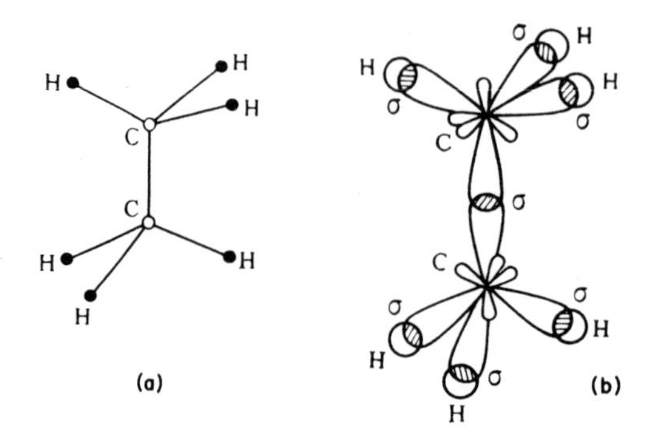

〔그림 2−1〕 **에탄 분자의 구조.**
(a) 원자가 결합. (b) 전자구름(σ는 단일 결합임).

그림 2−1에는 에탄 분자의 가하학적 구조가 나타나 있다.

양자역학에 의하면 원자나 분자의 전자가 가지는 상태는 소위 전자구름으로 표현할 수 있는데, 공간에서 이 구름의 밀도는 전자를 발견할 확률에 비례한다. 수소 원자의 전자구름은 구형이며 수소 분자의 경우에는 결합을 따라서 길쭉하고 그 중심에서 최대 밀도를 가진다. 그림 2−1에는 상호 작용이 있는 원자들의 전자구름이 나타나 있다. 전자밀도는 구름이 겹치는 지역에서 최대이다.

불포화 탄소화합물은 다른 방법으로 형성될 수 있다. 에틸렌에서 두번째 원자가 결합과, 아세틸렌에서 둘째, 셋째 결합은 소위 π−전자에 의해 이루어진다. π−결합에서 최대 전자밀도는 원자가 선상에 있지 않고 그 위와 아래에 있다. 왜냐하면 π−결합의 구름은 결합에 수직으로 놓여 있기 때문이다(그림 2−2 참고). 주위의 이중결합을 한 원자들의 배열은 평면상에 있다. 즉, 에틸렌의 여섯 개의 원자는 같은 평면 위에 있고 원자가 결합은 120°에 가까운 각도를 이룬다. 두번째의 π−결합에너지는 단일결합, 즉 σ−결합에너지보다 작다. 또한 이중결합으로 연결된 원자 사이의 거리도 작다. 가령 에틸렌의 경우 이중 결합에너지는 512 kJ/mol인데 단일 결합에너지의 두 배보다는 작고, C=C 결합의 길이도 134 pm이다.

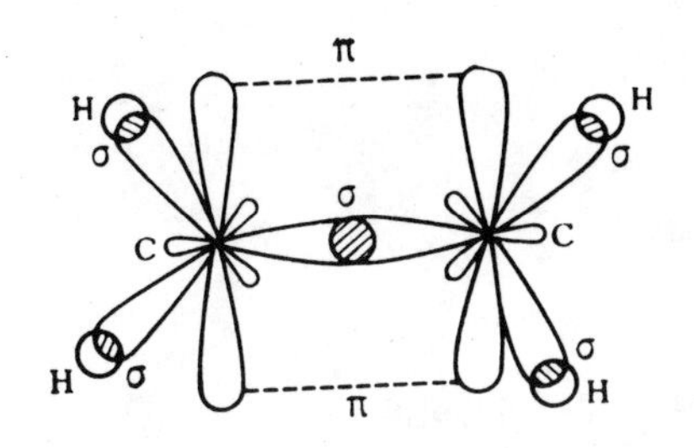

〔그림 2−2〕 에틸렌 분자의 구조. σ는 단일 결합이며, π는 π−전자로 형성되는 두번째 결합.

삼중결합은 한 개의 σ−결합과 두 개의 π−결합으로 되어 있다. 이것은 분자내에서 원자들의 직선적 배열을 결정해 준다. 아세틸렌의 경우에는 네 개의 원자가 모두 일직선 위에 놓여 있다.

단일 및 다중결합의 소위 구조적 성질은 생물학에서 매우 중요하다. 그림 2−1에서 보는 바와 같이 CH_3기는 C−C 결합을 끊지 않고도 에탄의 C−C축 주위를 회전할 수 있다. 즉, 에탄 분자에서는 내부적 회전이 가능하다. 반면에 에틸렌의 경우에는 그림 2−2에서 보는 바와 같이 C=C 결합 주의를 회전하려면 π−결합이 끊어져야 한다. 위의 두 경우에서 차이점을 정량적으로 입증할 수 있다. 에탄의 두 CH_3기의 수소 원자간의 무원자가 상호 작용 때문에('무원자가 약작용'에 대하여는 나중에 언급하겠음) 내부적 회전이 완전히 자유스럽지는 못하다. 한 상태에서 이것과 동등한 다른 상태로의 변화, 즉 120° 회전하는데 약 13 kJ/mol이 필요하다. 그러나 π−결합을 끊는 것은 화학결합을 끊는 것과 같고, 약 168 kJ/mol의 에너지가 요구된다.

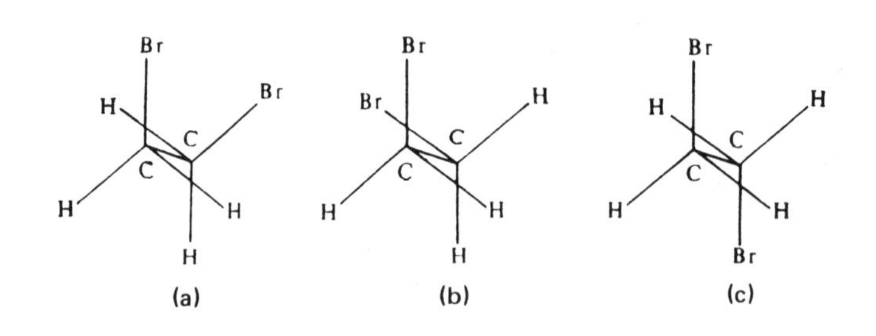

〔그림 2—3〕 1,2—이브롬에탄의 회전 이성질체(이형태체)
(a), (b) 고쉬(*gauche*)이성질체, (c) 트랜스(*trans*)이성질체.

에탄과는 달리, 분자가 단일결합 주위로 내부적 회전을 할 때 분자가 비대칭적이면 회전 후에는 동등한 구조를 가지지 않는다. 그 예로서 그림 2—3에 이브롬에탄의 회전 이성질체(rotamer)가 나타나 있다. 이들이 존재한다는 사실은 직접적인 물리 실험, 특히 분광학적 실험으로 입증되어 있다. 나중에 알게 되겠지만 구조와 구조적 운동성은 생물 중합체와 중합체의 가장 중요한 성질을 결정해 준다.

탄소, 질소 등의 원자로 구성된 길고 짧은 사슬에서

$$H_2C=CH-CH=CH_2$$
$$H_2C=CH-CH=NH$$

와 같이 단일결합과 이중결합이 교대로 나타나면(이것을 공액결합이라 함), 이러한 공액사슬은 특별한 전자적 성질을 가지고 있다. 공액사슬(또는 벤젠의 경우 공액고리)에 있는 π−전자들은 공액사슬을 따라서 움직일 수 있는 운동성을 가지고 있다. 이것은 특정 분자의 스펙트럼을 비롯한 여러 가지 성질에서 알 수 있다. 또한 양자역학에서는 이 성질들을 정량적으로 계산하는 것이 가능하다. 다음에는 공액사슬의 흡수 스펙트럼에 대하여 대략적이면서도 아주 간단한 양자역학적 계산을 해 보겠다. 사슬이 N개의 이중결합과 N개의 단일결합으로 교대로 이어져 있다면, 그 길이는

$$L=Nl \tag{2}$$

이며, l은 C=C−C기의 길이이다. 각각의 기는 두 개의 π−전자를 가지고 있으므로 사슬에서 π−전자의 총수는 $2N$이다. 가령 금속내의 전도전자처럼 π−전자가 사슬을 따라서 아주 자유롭게 움직일 수 있다고 하자. 따라서 우리는 분자에 대한 금속적 모델을 도입할 수 있다. 그런데 사슬에서 전자를 떼내려면 많은 에너지가 필요하다. 그러므로 사슬의 내부에 있는 π−전자는 운동에너지만 가지고 있고 양끝에 있는 것은 매우 높은 퍼텐셜에너지(실제로는 무한대라 할 수 있음)를 가지고 있다. 즉, 전자들은 무한히 높은 벽을 가진 직사각형의 '퍼텐셜 우물'안에 있다(그림 2−4 참고). 이 퍼텐셜 우물 속에 있는 π−전자의 에너지 준위들을 초급 양자역학으로 계산해 보자. 양자역학에 의하면 속도 v로 움직이는 전자는 파장

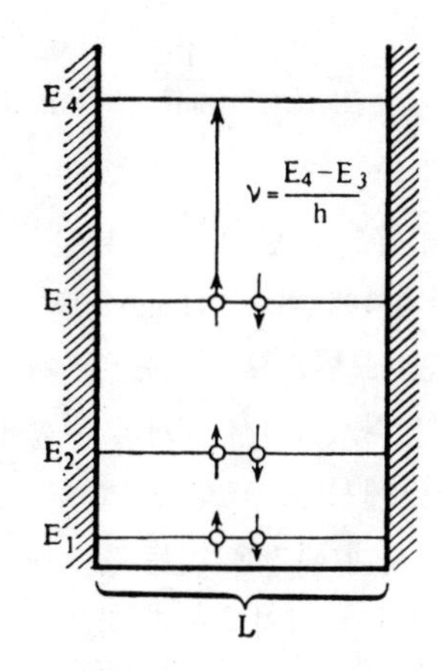

〔그림 2−4〕 공액결합의 사슬에서 π−전자에 대한 퍼텐셜 우물

(흡수 스펙트럼에 해당하는 전이와 함께 에너지 준위가 나타나 있다. 전자들은 이들이 가지고 있는 스핀을 상징하는 작은 화살로 표기되어 있다.)

$$\lambda=\frac{h}{mv} \tag{3}$$

인 파동에 해당된다. 여기서 m은 전자의 질량, h는 Planck 상수이다. 이것이 바로 de Broglie 공식이다. 파동은 우물의 경계를 지나서 투과할 수 없으므로 전자는 우물을 벗어날 수 없다. 다시 말하자면 양벽에서 마디를 갖는 정류파가 생긴다. 따라서 양끝이 고정된 줄의 진동문제와 아주 유사해진다. 길이 L인 줄의 진동에서 생기는 정류파의 가능한 파장은

$$\lambda=\frac{2L}{n} \tag{4}$$

이고 n=1, 2, 3, ……의 정수이다. 위 식을 공식(3)에 대입하면 전자가 가질 수 있는 속도의 가능한 값들을 구할 수 있다.

$$v=\frac{h}{m\lambda}$$

$$=\frac{nh}{2mL} \tag{5}$$

위에서 언급한 바와 같이 우물을 모델로 하는 분자내에서, 전자의 전체 에너지는 운동에너지와 같고

$$E=\frac{mv^2}{2} \tag{6}$$

여기에 식(5)를 대입하면 다음을 얻는다.

$$E_n=\frac{n^2h^2}{8mL^2} \tag{7}$$

그러므로 분자내의 π−전자가 가지는 에너지는 양자화되어 있어서

$$\frac{h^2}{8mL^2}, \frac{4h^2}{8mL^2}, \frac{9h^2}{8mL^2}, \cdots$$

등의 값만 가질 수 있고 그 중간의 값은 허용되지 않는다. 가능한 에너지 준위는 그림 2-4에 나타나 있다.

양자역학에 의하면(Pauli 원리[2, 4]) 서로 반평행인 자기 쌍극자(또는 스핀) 모멘트를 가지는 두 개의 전자가 각각의 에너지 준위를 점유할 수 있다. 따라서 N개의 사슬에 있는 2N개의 π-전자는 에너지가 $h^2/8mL^2$에서 $N^2h^2/8mL^2$까지 모두 N개의 에너지 준위를 점유한다. 그러면 최대 파장을 갖는 흡수대의 진동수 ν를 계산해 보자. 이 진동수는 전자가 마지막으로 점유한 준위에서 첫번째 자유전자의 준위로 전이하는 것에 해당된다.

$$\nu = \frac{1}{h}(E_{N+1} - E_N) \tag{8}$$

위 식에 식 (7)을 대입하면

$$\nu = \frac{1}{h}\left\{\frac{(N+1)^2h^2}{8mL^2} - \frac{N^2h^2}{8mL^2}\right\} \tag{9}$$

이 되고 $L=Nl$을 이용하면 다음을 얻는다.

$$\nu = \frac{2N+1}{N^2}\frac{h}{8ml^2} \tag{10}$$

N이 매우 클 때에는 근사적으로 다음과 같이 쓸 수 있다.

$$\nu \cong \frac{h}{4ml^2}\frac{1}{N} \tag{11}$$

즉, c를 빛의 속도라 할 때 흡수대의 파장 Λ는 N에 비례한다.

$$\Lambda = \frac{c}{\nu}$$

$$\cong \frac{4mcl^2}{h}N \tag{12}$$

위 식에서 보는 바와 같이 공액사슬이 길어지면 흡수대는 긴 파장쪽으로 옮겨진다. 공식(12)는 실험적으로 확인되었다. 이미 여섯 개나 일곱 개의 공액결합을 가진 사슬은 가시광선을 흡수한다. 이에 해당하는 물질은 염색이 되어 있다. 유기 염료는 항상 공액결합의 체계로 되어 있다.

가동적 π-전자의 존재로 공액사슬은 에틸렌과 마찬가지로 평면적 구조를 갖는다. 사슬에서 내부적 회전은 없고 또한 구조적 융통성도 없다.

공액결합으로 만들어진 중합체는 항상 착색되어 있고 어떤 경우에는 π −전자의 운동성에 의하여 결정되는 반도체 성질도 보유하고 있다.

제3장

전자파동의 몇 가지 성질

2장에서는 퍼텐셜 우물내에서 자유로이 움직이는 π - 전자의 운동을 다룸으로써 유기물 분자의 색깔을 간단 명료하게 설명할 수 있었다. 더구나 이러한 결과는 단백질, 핵산과 같은 생물 중합체의 몇 가지 성질을 이해하는 데 도움이 된다.

퍼텐셜 우물의 이야기가 나왔으므로 더 자세히 살펴보고 싶은 충동을 금할 수 없다. 본 장은 이 책의 주요 주제에서 약간 벗어나겠지만, 후에 어떤 생물물리학적 문제에는 유용함을 알게 될 것이다.

이미 다룬 바와 같이 퍼텐셜 우물의 모델에서는 Schrödinger 방정식을 풀지 않고도 체계의 에너지 준위와 스펙트럼을 얻을 수 있다. 이 경우에 풀이는 아주 정확하다. 그러면 이러한 형태의 모델을 사용하여 다른 양자역학적 문제를 푸는 데 어떤 도움이 될 수 있을까 반문할 수 있는 데, 그에 대한 대답은 긍정적이다.

조화진동자의 양자화를 고려해 보자. 입자는 탄성력 $f=-kx$을 받고 있어서, 이 힘은 평형 상태로부터의 입자의 변위에 비례하며 항상 입자를 평형 위치로 돌아오게 하려 한다. 따라서 입자는 조화진동을 할 것이 분명하다. 그러면 진동수를 구해 보자. Newton의 운동 방정식에 의하면 다음과 같다.

$$m\frac{d^2x}{dt^2}=f=-kx \tag{13}$$

여기서 m은 입자의 질량, d^2x/dt^2는 시간 t에 대한 변위 x의 이차도함수로서 가속도이다. 방정식(13)의 풀이로서 다음과 같은 형태를 가정해 보자.

$$x=x_0\,\mathrm{COS}2\pi\nu t \tag{14}$$

그러면 $d^2x/dt^2=-x_0 4\pi^2\nu^2\cos 2\pi\nu t$가 되어 이것과 위 식을 식(13)에 대입하면 진동수 ν를 구할 수 있다.

$$\nu=\frac{1}{2\pi}=\sqrt{\frac{k}{m}} \tag{15}$$

입자의 속도를 v라 하면 진동자의 에너지 E는 운동에너지와 퍼텐셜에너지의 합과 같다.

$$E=\frac{kx^2}{2}+\frac{mv^2}{2} \tag{16}$$

진동자의 퍼텐셜에너지를 그래프로 그리면 $kx^2/2$의 포물선이 된다(그림 3-1 참고). 진폭 x_0로 진동하는 미시 입자는 길이 $2x_0$인 구간에서 움직이며 운동속도는 일정하지 않다. 즉, 위치 x에 따라 다르다. 점 $x=\pm x_0$에서는 속도의 부호가 바뀌므로 속도는 영이어야 하고, 따라서 에너지 E는 일정하다.

$$\frac{kx^2}{2}+\frac{mv^2}{2}=\frac{kx_0^2}{2}$$

그러므로 입자의 속도는

$$v=\sqrt{\frac{k}{m}(x_0^2-x^2)}$$
$$=2\pi\nu\sqrt{x_0^2-x^2}$$

이고, 진동자의 운동에 해당하는 de Broglie 파장, $\lambda=h/mv$도 일정하지 않다. 다음에는 엄밀하지 않은 가정을 해보자. 가령 입자의 전체에너지가 $+x_0$에서 $-x_0$까지의 전구간에서의 운동에너지와 같다고 하자. 즉, 진동자를 포물선형의 퍼텐셜 우물 속에 있는 자유입자로 간주하자. 우물의 벽에서는 전체 에너지가 퍼텐셜에너지와 같다. 즉,

$$E=\frac{kx_0^2}{2}$$

따라서 벽 사이의 거리는 다음과 같다.

$$L=2x_0=2\sqrt{\frac{2E}{k}} \tag{17}$$

우물내의 전구간 L에서 운동에너지가 일정하다면, 즉

$$\frac{mv^2}{2}=\frac{kx_0^2}{2}$$

이라면 우물 내부에서 입자의 속도도 일정하다고 생각할 수 있다. 이러한 입자는 다음 조건을 만족하는 de Broglie 정류파(식 (4)와 비교할 것)에 대응한다.

$$\lambda_n=\frac{2L}{n}$$
$$=\frac{4}{n}\sqrt{\frac{2E_n}{k}} \tag{18}$$

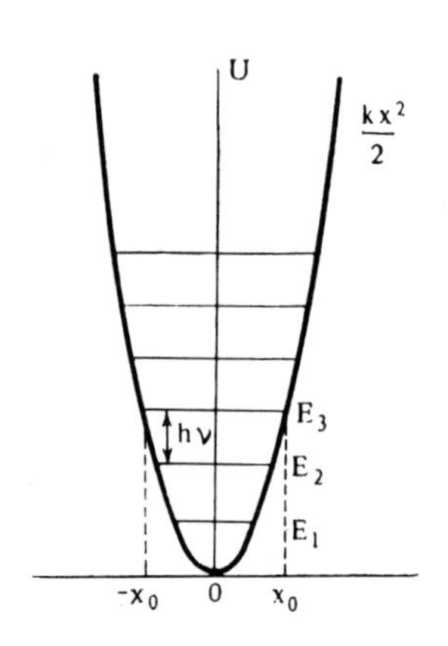

〔그림 3-1〕 조화진동자에 대한 퍼텐셜 우물과 계산의 결과로 얻은 에너지 준위.

그러므로 입자 속도로서 가능한 값은

$$v_n = \frac{h}{m\lambda_n} = \frac{nh}{4m}\sqrt{\frac{k}{2E_n}} \tag{19}$$

이고, 진동자의 에너지는 다음 조건을 만족한다.

$$E_n = \frac{mv_n^2}{2} = \frac{m}{2}\left(\frac{nh}{4m}\sqrt{\frac{k}{2E_n}}\right)^2 \tag{20}$$

위 식을 E_n에 대하여 풀면 다음을 얻는다.

$$E_n = \frac{nh}{8}\sqrt{\frac{k}{m}} \tag{21}$$

또한 식(15)를 이용하면

$$E_n = \frac{2\pi n}{8}h\nu$$

$$= \frac{\pi}{4}nh\nu \tag{22}$$

가 되는데 $n=0,\ 1,\ 2, \cdots$인 정수이다.

Schrödinger 방정식을 사용하여 이 문제를 정확히 풀면 다음과 같다.

$$E_n = \frac{h\nu}{2} + nh\nu,\ n=0, 1, 2, \cdots \tag{23}$$

정확하지 못한 풀이 (22)는 정확한 풀이 (23)과 비슷한 점이 있다. 진동자의 에너지 준위는 등간격이고 인접한 준위간의 거리는 일정하다. 풀이 (22)에서 인접 준위간의 거리는

$$E_{n+1} - E_n = \frac{\pi}{4}h\nu$$

이었으나 정확한 풀이에서는 다음과 같다.

$$E_{n+1} - E_n = h\nu$$

비록 곱하는 계수간에는 차이가 있으나 양자화 법칙이 잘 나타나 있다. 더구나 정확한 풀이에서 $n=0$일 때 조화진동자가 가지는 최소 에너지는 영이 아니라 $h\nu/2$이지만, 근사 풀이에서는 영이다.

이번에는 다른 문제를 다루어 보자. 수소 원자의 양자화를 고려해 보자. 핵과의 작용으로 생기는 전자의 퍼텐셜에너지 U는 가우스 단위계에서 다음과 같다.

$$U = -\frac{e^2}{r} \tag{24}$$

위에서 e는 전자의 전하이고, r은 핵과 전자 간의 거리이다. 핵에서 끌어당기는 힘에 거슬러서 전자를 잡아당기는 데 일이 필요하므로 퍼텐셜에너지는 음수이다. 식 (24)에 대한 곡선은 그림 3—2와 같이 나타나 있다. r의 값이 주어지면 원자내에서 거리 r 정도의 영역에서 전자가 움직인다고 가정할 수 있다.

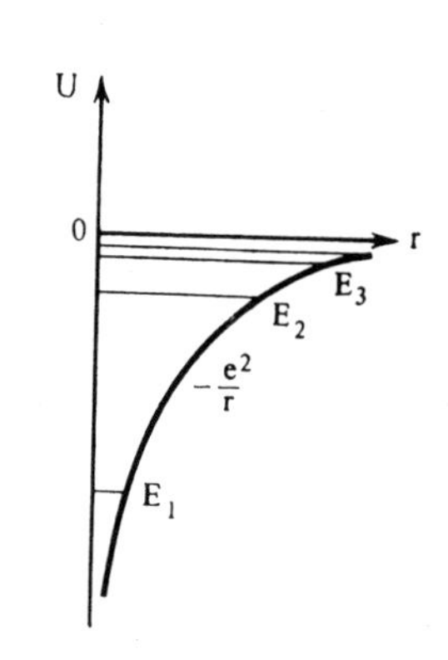

〔그림 3—2〕 수소 원자에 대한 퍼텐셜 우물과 계산의 결과로 얻은 에너지 준위.

이번에도 정류파에 근거를 둔 엄밀하지 못한 계산을 해보자. 위에서 언급한 영역의 경계에서의 퍼텐셜에너지와 전자의 에너지가 같다고 가정하겠다. 즉

$$E=U$$
$$=-\frac{e^2}{r}$$

구간내의 각 점에서 전자의 에너지는 운동 에너지와 퍼텐셜에너지의 합과 같다. 그러나 전과 마찬가지로 쌍곡선의 벽을 가진 우물 안에서 전자는 자유롭게 행동하고 전체 에너지는 운동에너지와 같다고 하자.

$$-E=\frac{mv^2}{2}=\frac{e^2}{r} \tag{25}$$

위 식을 v에 대하여 풀면 다음과 같다.

$$v=\sqrt{-\frac{2E}{m}}=\sqrt{\frac{2e^2}{mr}} \tag{26}$$

그러면 de Broglie 정류파의 파장은

$$\lambda_n=\frac{2r}{n}=-\frac{2e^2}{nE_n} \tag{27}$$

이고, 따라서 전자의 속도로서 가능한 값들은 다음과 같다.

$$v_n=\frac{h}{m\lambda_n}=-\frac{nhE_n}{2me^2} \tag{28}$$

그러므로 에너지의 값은

$$-E_n=\frac{mv_n^2}{2}=\frac{n^2h^2E_n^2}{8me^4} \tag{29}$$

의 조건에서 다음과 같음을 알 수 있다.

$$E_n=-\frac{8me^4}{n^2h^2}, \quad n=1,2,3,\cdots \tag{30}$$

이 문제에 대한 Schrödinger 방정식의 정확한 풀이는 다음과 같다.

$$E_n=-\frac{2\pi^2me^4}{n^2h^2}, \quad n=1,2,3,\cdots \tag{31}$$

풀이 (30)과 (31)을 비교하면 수치 계수만 다를 뿐이다. 부정확한 풀이는 양자화 법칙을 재생시켜 준다. 원자내에서 에너지 준위는 양자 번호 n이 증가함에 따라서 수렴한다. 즉, 인접한 준위의 에너지의 비는 다음과 같다.

$$E_1 : E_2 : E_3 : \cdots = 1 : \frac{1}{4} : \frac{1}{9} : \cdots$$

만일 $n \to \infty$, $r \to \infty$, $E_n \to 0$인 경우에는, 전자는 원자에서 떨어져 나오게 된다. 자유 전자의 에너지는 양수이며, 그들이 가지는 스펙트럼은 연속적이다.

부정확한 풀이와 정확한 풀이의 유사점은 x의 멱수인 퍼텐셜 함수에 대해서도 성립하는데 소위 비리알(virial) 정리로 정의되어 있다. 이 정리에 의하면 평균 운동 에너지는 평균 퍼텐셜 에너지에 비례한다.

퍼텐셜 우물을 직관적으로 다루는 모델은 복잡한 Schrödinger 방정식을 풀 필요없이 양자역학의 중요한 개념을 파악하게 하는 장점이 있다.

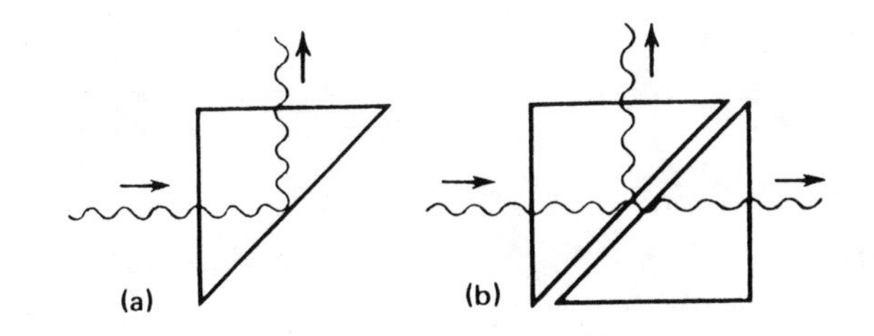

〔그림 3—3〕 프리즘.
(a) 내부에서 전부 반사하는 프리즘. (b) 한 파장 이하로 분리된 두 개의 완전 내부반사 프리즘.

이상에서 취급한 직사각형, 포물선 및 쌍곡선 우물에서 우물의 벽은 무한히 높이 뻗쳐 있어서 전자의 파동은 벽에서 전부 반사한다. 벽에 마디가 있는 정류파가 만들어지는 것이다. 그러나 만일 퍼텐셜 우물이 무한히 높고 넓지 않다면 전자의 파동은 이것을 투과할 수 있다. 고전적인 비유를 들어 생각하면 더욱 분명해진다. 그림 3—3(a)에 있는 내부에서 전부 반사하는 프리즘을 생각해 보자. 광선은 경사된 벽을 투과하지 않고 반사되어 방향이 90° 바뀐다. 그렇지만 그림 3—3(b)와 같이 똑같은 프리즘을 접근시켜 놓으면, 그 간격이 광선의 파장과 같은 크기 정도일 때 광선은 두 프리즘을 투과할 것이다. 왜냐하면 첫번째 프리즘을 광선이 투과한 후 바로 두번째 프리즘에 약간 들어가게 됨으로써 광선은 계속 투과하게 되기 때문이다. 이러한 비유에 근거하여

Gamow는 원자핵의 알파 붕괴에 대한 이론을 제창하였다. 전자이건 알파입자이건 간에 미시입자는 그림 3—4와 같이 유한한 크기의 퍼텐셜 장벽을 투과할 수 있다. 이렇게 미시입자가 투과하는 현상을 터널효과라 부른다. 터널링하는 속도는 온도와 무관하다.

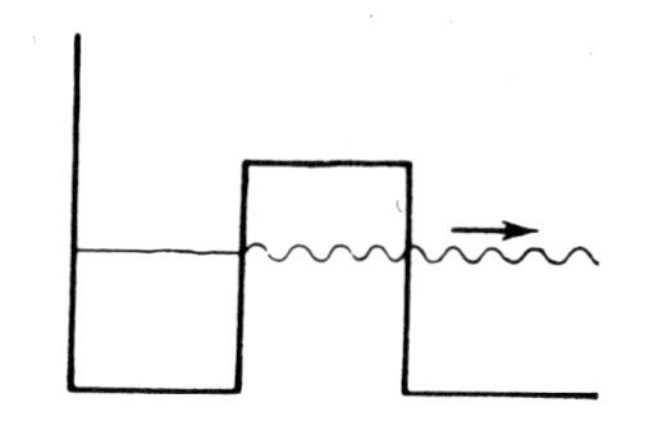

〔그림 3—4〕 미시입자의 퍼텐셜 장벽투과.

생화학적 과정에서는 한 분자에서 다른 분자로 전자가 옮겨가는 중요한 과정이 있다. 이러한 종류의 이동은 산화—환원 반응과 같은 형태의 호흡 과정에서 볼 수 있다.

$$Fe^{3+} + e^{-} \rightleftarrows Fe^{2+}$$

Fe는 철, e^{-}는 전자를 나타낸다. 이러한 과정에서 전자의 터널링이 가능하다.

입자의 질량이 커짐에 따라서 입자가 장벽을 투과할 수 있는 확률은 감소한다. 그러므로 보통의 화학 반응에서 분자들은 '투과'하지 않는다. 이들은 장벽을 투과하지 않고 넘어갈 뿐이다. 이 경우에는 반응속도가 온도에 크게 관계된다.

제4장

분자들의 강작용과 약작용

분자들은 상호 작용을 한다. 또한 원자와 원자단도 분자내에서 서로 작용을 한다. 여기서는 화학 반응을 일으키는 작용을 '강작용', 분자의 변환을 초래하지 않는 분자간의 작용과 분자 내부의 작용을 '약작용'이라 하겠다.

화학 반응은 어떻게 진행하는가? 화학 반응이란 강작용에 대한 분자의 전자구름의 변환이다. 변환이 있은 후 원자핵들의 배열에 변화가 일어난다. 만일 필요한 열역학적 및 운동학적 조건이 이루어지면 화학 반응은 진행할 것이다. 열역학적 필요조건은 반응의 결과로 생긴 생성물의 자유에너지가 반응물의 자유에너지보다 작다는 것이다. 자유에너지 G는

$$G=H-TS \tag{32}$$

로서 T는 열역학적 온도(절대 온도), S는 엔트로피, H는 다음 식으로 주어진 엔탈피이다.

$$H=E+pV \tag{33}$$

여기서 E는 내부에너지, p는 압력, V는 부피이다. 만일

$$G_{생성물} < G_{반응물} \tag{34}$$

이면 반응은 가능하다. 반대의 경우에는 외부적 영향이 없이 자체만으로는 반응이 일어날 수 없다. 조건 (34)는 필요조건일 뿐 충분조건은 아니다. 원칙적으로 반응은 가능하지만 반응 속도가 너무 작아서 반응은 진행되지 않을 수도 있다. 만족스런 운동학적 조건도 필요하다. 대부분의 경우 반응이 일어나는 데 요구되는 이 조건은 반응물이 추가로 에너지(활성화에너지)를 가져야 한다는 것과 같다. 이 에너지가 크면 클수록 전자의 변환이 잘 일어나고, 이때 어떤 화학결합이 끊어져서 다른 물질이 형성된다. 반응에 대한 에너지 개요가 그림 4-1에 나타나 있다. 체계가 활성화 장벽을 지나갈 수 있을 때 반응은 일어난다.

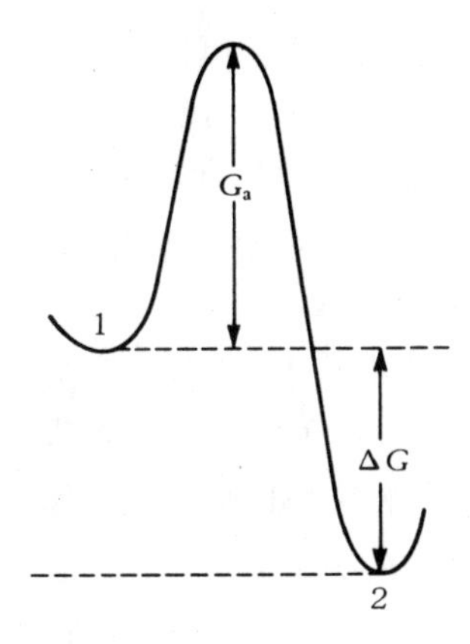

〔그림 4-1〕 화학반응에 대한 에너지 개요.
ΔG는 자유에너지의 변화이고, G_a는 활성화에 필요한 자유에너지이다.

그러므로 반응률은 온도에 관계되고, 온도가 올라가면 반응 속도가 커진다.

기체 위상에서 일어나는 아주 간단한 반응을 고려해 보자.

$$H_2+I_2 \rightarrow 2HI$$

H는 수소, I는 요오드이다. 이 반응 속도는 다음과 같다.

$$v=kC_{H_2}C_{I_2} \quad (35)$$

위에서 C_{H_2}와 C_{I_2}는 각각 수소 및 요오드의 농도이고, k는 반응 속도 상수이다. 현대 물리학에 의하면 k는 다음과 같다.

$$k=\frac{RT}{N_A h}\exp\left(-\frac{G_a}{RT}\right)$$

$$=\frac{RT}{N_A h}\exp\left(\frac{S_a}{R}\right)\exp\left(-\frac{H_a}{RT}\right) \quad (36)$$

여기서 R은 기체 상수, N_A는 Avogadro수이다. 또한 G_a, S_a, H_a는 각각 활성화에 대한 자유에너지, 엔트로피 및 엔탈피이다. 위의 공식(36)은 이미 언급한 장벽 통과를 기술하고 있다. 온도가 높을수록 분자에 저장된 열에너지가 많고, 분자가 활성화 엔탈피 H_a 이상의 에너지를 가질 확률도 커진다. 그러므로 반응 속도는 온도에 크게 관계되며, 실제로는 지수함수의 관계가 있다.

이미 알려진 바와 같이 촉매란 그 존재로 말미암아 반응을 빨리 일어나게 하는 물질이다. 촉매가 있다 하여도 반응 자체가 변하는 것은 아니다. 촉매 반응은 반응물과 촉매간에 강하든, 약하든 중간 결합이 형성되는 데 의존한다. 조건 (34)를 만족하지 않으면 어떤 촉매를 써도 반응이 일어날 수 없다. 촉매는 반응 체계의 초기 상태와 최종 상태의 자유에너지의 차이에는 아무런 영향을 미치지 못하고, 단지 두 상태 사이의 장벽의 높이를 조절해 줄 수 있을 뿐이다. 촉매의 역할은 활성화에 대한 자유에너지를 낮게 하여 반응을 촉진시키는 것이다. 이것은 생물학에서 매우 중요하다. 모든 생물학적 과정은 촉매 반응이기 때문이다. 효소라는 특별한 종류의 단백질이 촉매의 역할을 한다.

앞으로 알게 되겠지만 주위 환경과 물질 및 에너지를 교환하는 개방된 체계(생물학적 체계가 바로 이러한 것임)에서는 촉매가 반응 속도를 촉진시킬 뿐만 아니라 초기 상태와 최종 상태의 자유에너지의 차이에도 영향을 미친다.

이번에는 분자간의, 또는 분자 내부에서 작용하는 '무원자가 약작용'을 고려해 보자. 분자생물물리학에서는 이러한 작용의 성격을 이해할 필요가 있다.

온도가 충분히 낮고, 압력이 충분히 높을 때에 모든 기체는 액화된다. 이것은 기체 분자 사이에 응집력이 존재한다는 것을 의미한다. 분자 내부에서 화학결합은 이미 포화되었으므로 이러한 힘은 화학적 힘이 아니다. 분자간의 상호 작용 에너지는 화학결합의 에너지보다 훨씬 작아서 42 kJ/mol정도이다. 반면에 화학결합의 에너지 자체는 이 값의 몇 배 정도이다.

분자간의 힘은 보통 van der Waals 힘이라 불린다. 물리학에서는 양자역학에 근거를 두어 이 힘을 계산할 수 있는 가능성이 존재하며, 가령 화학적으로 반응하지 않는 분자로 되어 있는 불활성 기체가 어떻게 해서 액화하는지에 대해서도 마찬가지이다. 분자간의 거리 r이 증가할 때 van der Waals 힘은 급격하게 감소하여 r^{-7}에 비례하고 이에 해당하는 분자간의 인력을 나타내는 퍼텐셜에너지는 r^{-6}에 비례한다.

만일 분자에서 전하가 비대칭적으로 분포되어 있다면(예를 들면, HCl 분자에서 양전하는 H 원자쪽으로, 음전하는 Cl 원자쪽으로 치우쳐 있음) 보통의 정전기적 법칙을 사용하여 van der Waals힘에 기여하는 정도를 알 수 있다. 반대 부호의 전하간의 인력과, 같은 부호의 전하간의 척력으로 인하여 방향적이며 유도적인 효과가 결정된다. 이온(대전된 분자나 원자)간의 상호 작용은 Coulomb 법칙에 따른다. 분자간의 힘에 대하여는 여러 책에 자세히 기술되어 있다.(예를 들면 [10]을 참고할 것.)

화학결합을 하지 않은 원자들은 근거리일지라도 서로 잡아당기지 않고 오히려 민다. 양자역학은 이러한 미는 힘의 성격을 두 개의 전자로 되어 있는 체계에서 전자들을 서로 꽉 조일 수 없는 것으로 해석한다. 화학결합이 이미 포화된, 두 분자간에 작용하는 퍼텐셜에너지는 여러 가지 공식으로 기술할 수 있는데, 다음은 그 중의 하나이다.

$$U=\frac{A}{r^{12}}-\frac{B}{r^{6}} \tag{37}$$

위 식에서 첫 항은 미는 힘, 둘째 항은 van der Waals 인력을 나타낸다. 이 함수의 형태는 그림 4—2에 나타나 있다.

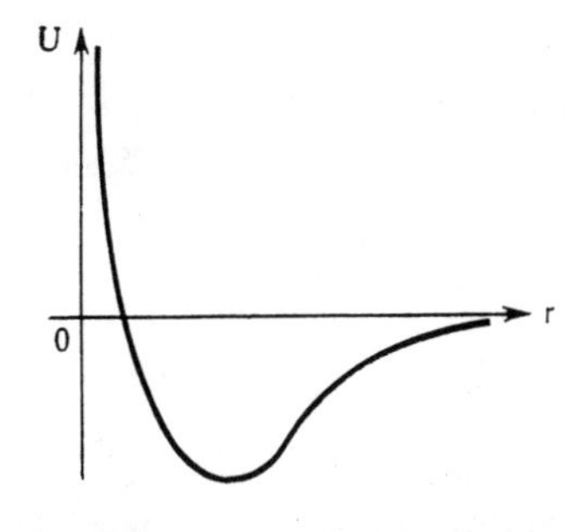

〔그림 4—2〕 분자간의 상호작용을 나타내는 퍼텐셜 함수.

그러나 분자 내부에 존재하는 비슷한 성질의 약작용은 이형태체(conformer)나 회전 이성질체(rotamer)에서 볼 수 있는 회전적 이성질체의 존재를 결정해 준다. 분자는 모든 약작용에 의한 에너지가 최소가 되도록 구조를 가지고 있다. 이브롬에탄의 경우에는 그림 2—3에 있는 회전 이성질체가 C−C 결합 주위에 다른 회전각을 가진 분자보다 에너지가 낮다. 회전 이성질체 3의 에너지가 최소이고, 회전 이성질체 및 그 외의 경우에는 에너지가 같지만 회전 이성질체 3보다는 높다. 그림 4−3은 BrH_2C-CH_2Br 분자의 에너지를 C−C 결합 주위에 대한 회전각 φ의 함수로 나타내고 있다.

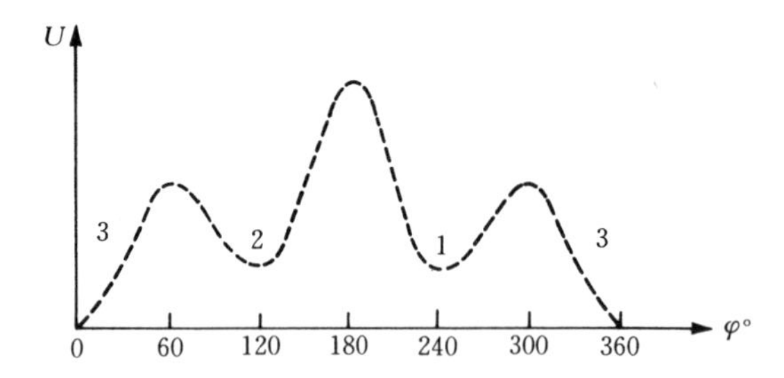

〔그림 4−3〕 **이브롬에탄의 내부적 회전에 대한 퍼텐셜에너지 곡선**
1 및 2는 고쉬(*gauche*) 회전 이성질체, 3은 트랜스(*trans*) 회전 이성질체.

소위 수소결합이라 불리는 결합은 생물학에서 매우 중요한 역할을 한다. 산소, 질소, 인 및 불소(일반적으로 탄소는 안 됨)에 연결된 수소 원자는 같은 분자내에서나 다른 분자에 있는 동일한 종류의 원자와 추가적으로 화학결합을 한다. 그러므로 가령 개미산의 분자는 심지어 기체 상태에서도 수소결합(점선)을 희생하면서 이합체를 형성한다. 가장 작은 원자, 즉 수소 원자가 이미 결합된 원자들의 전자껍질을 뚫고

O···H−O
H−C   C−H
O−H···O

들어가 이들을 더욱 단단하게 해줄 수 있는 가능성으로 수소결합은 결정된다. 원자 O와 원자군 O−H···O 사이의 거리는 255 pm으로서 두 산소 원자의 반지름의 합 280pm보다 작다. 또한 수소결합의 에너지는 17~30 kJ/mol로서 분자간의 작용 에너지와 같은 정도의 크기이다. 물리 이론으로 수소결합을 설명할 수 있고, 정량적으로도 실험과 일치함을 입증했다.

수소결합의 존재는 물의 특이한 양상, 특히 100℃나 되는 넓은 온도 범위에서 액체로 안정한 상태를 이룰 수 있는 것을 설명해 준다. 그림 4−4에서 보는 바와 같이 얼음에서 각각의 H_2O 분자는 다른 네 개의

H_2O의 분자와 정사면체의 배열로 수소결합을 하여 연결되어 있다. 따라서 얼음의 구조는 느슨하다. 인접한 분자가 네 개라는 것은 비교적 작은 숫자이다. 그러나 액체 상태에서는 이러한 규칙적인 배열이 어지럽혀져서 네 개의 수소결합을 가진 분자와 함께 세 개, 두 개 및 한 개의 수소결합을 가진 분자들이 있다. 또한 수소결합이 없는 분자들도 있다. 액체 상태의 물은 얼음보다 더 빽빽하게 분자들로 채워져 있다. 정상 압력하에서 물의 밀도는 0℃에서 최대가 되는 것이 아니라 4℃에서 최대이다. 대체적으로 말하자면 물은 느슨하지만 규칙적 구조를 가졌고, 얼음은 빽빽하지만 비규칙적인 구조의 혼합물이라 할 수 있다[10].

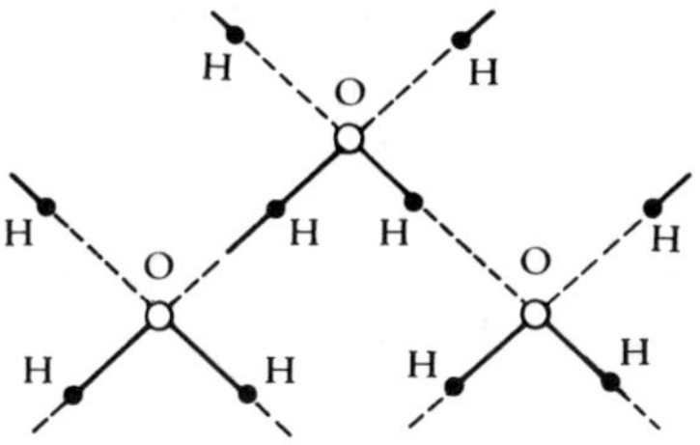

〔그림 4—4〕 H_2O분자들을 연결하는 수소결합.

여러 가지 물질이 물에 잘 용해되는 것은 이러한 물의 구조적 특이성 때문이다. 물은 유전성 투과도가 높기 때문에 물 속에서 소금, 염기, 산 같은 전해질은 아주 쉽게 용해된다. 전해질은 수용액에서 이온으로 해리한다. 에틸 알코올과 같이 물 분자와 수소결합을 할 수 있는 물질이 물 속에서 용해되는 것과 같이 쌍극자 모멘트가 큰 물질로 용해된다. 알코올은 다음과 같은 형태의 복합체로 나타낼 수 있다.

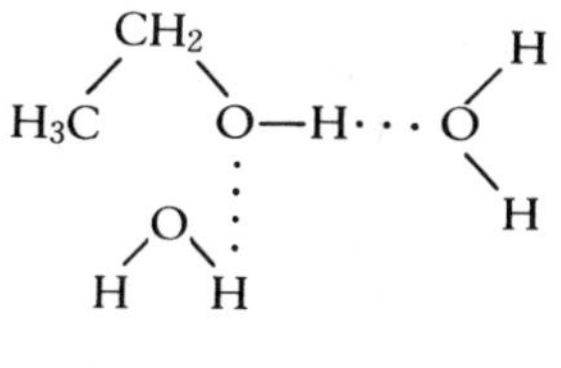

이것이 바로 술의 마력이다. 반면에 탄화수소(예를 들면 벤젠, C_6H_6)는 물에 거의 녹지 않는다. 탄화수소의 혼합물인 가솔린은 물과 분리된다. 지방과 기름에 대해서도 마찬가지인데 이들의 분자는 긴 탄화수소의 연쇄를 포함하고 있다. 이 말은

$H_2O \cdots C_6H_6 \quad C_6H_6 \cdots H_2O$

로 접촉해 있는 것보다

$H_2O \cdots H_2O \quad C_6H_6 \cdots C_6H_6$

로 서로 접촉해 있는 것이 더 유리함을 의미한다. 도대체 유리하다는 것은 무슨 말인가? 열역학적인 면에서 볼 때 용해된다는 것은 용액의 자유에너지가 물과 용질을 분리했을 때 각각의 자유에너지의 합보다 작다는 것을 뜻한다. 만일 물질이 녹지 않으면 용액은 자유에너지를 더 크게 한다. 이렇게 자유에너지가 증가하는 요인에는 두 가지가 있다. 초기 상태의 물질들이 가지는 자유에너지와 용액의 자유에너지의 차이는

$$G_{초기} - G_{용액} = \Delta G = \Delta H - T\Delta S \tag{38}$$

이고, $|\Delta H| > T|\Delta S|$일 때 ΔH, $\Delta S < 0$이든가, $|\Delta H| < T|\Delta S|$일 때 ΔH, $\Delta S > 0$이든가 또는 $\Delta H < 0$, $\Delta S > 0$의 조건을 만족하여 $\Delta G < 0$이 되면 물질은 용해되지 않는다. 실험 결과에 의하면 탄화수소가 물 분자와 작용할 때 $\Delta S > 0$, $\Delta H > 0$이지만 $\Delta H < T\Delta S$이다.

비용해성은 용액에서 엔트로피가 감소하는 현상으로 결정된다. 온도가 증가하면 탄화수소가 물에 용해하는 정도는 더욱 작아지는데, 이것으로 그것을 알 수 있다. 그러므로 탄화수소의 분자 주위에 있는 물은 더욱 규칙적인 구조를 갖게 된다. 이러한 효과는 에너지에 의한 것보다 엔트로피에 의한 것이므로, 물에서 탄화수소의 분자를 밀어내는 것은 물을 싫어하는 이러한 특별한 작용의 결과로 간주할 수 있다. 이러한 상호 작용은 이론적으로 계산이 가능하다.

지금까지 화학과 분자물리학의 몇 가지 문제점들을 고려하였는데, 이 분야는 20세기에 와서 급격히 발달한 양자역학과 통계역학으로 현재의 모습을 가지게 되었다. 50년 전 화학결합에 대한 최초의 정량적 이론이 세워졌고, 가장 간단한 분자인 H_2에 대하여 계산이 수행되었다. 오늘날에는 상당히 복잡한 분자의 모든 정량적 특성(에너지, 결합의 길이, 결합 사이의 각도, 전기적·광학적 및 분광학적 상수, 전자밀도의 분포, 화학적 활성도) 들을 이론적으로 계산할 수 있는 강력한 도구를 우리는 보유하고 있다. 그렇지만 이 계산은 아주 복잡하고 방대하여 계산기로도 많은 시간이 요구된다. 아울러 이론화학의 모든 문제가 풀렸다고 말할 수 없다. 특히 액체위상에서 화학 반응을 이론적

으로 조사하는 데 큰 문제점들이 남아 있다. 공식 (36)은 기체위상에서만 성립하기 때문이다. 그럼에도 불구하고 화학의 주요 문제에 대한 기본적 풀이는 물리학에서 얻어졌다. 이러한 의미에서 물리학과 화학은 통합된 셈이다.

물론 화학은 그 자체의 중요성과 독립성을 유지하고 있을 뿐만 아니라 그 이상으로 발전하였다. 오늘날 화학 반응은 우선 화학적 방법으로 조사된다. 물론 반응들을 수학적 계산으로 분석할 수도 있으나 문제를 훨씬 더 빨리, 더 효과적으로 풀 수 있는 화학적 방법 대신에 이론적 계산으로 대치하는 것은 상책이 아니다. 마찬가지 상황을 무선전자공학에서도 찾아볼 수 있다. 어느 전기, 어느 전자회로이건 간에 전자기학의 법칙, 즉 이론물리학의 법칙을 따라야 하지만 복잡한 전자회로의 계산에 이 법칙들을 이용하지는 않는다. 훨씬 더 간편하게 풀이를 얻는 방법들이 이미 전자공학에서 잘 개발되어 있다.

화학의 이론적 기초는 물리학에 있으므로 앞으로는 생물학에서 물리학을 언급할 때 항상 생물학의 물리학과 화학으로 생각하겠다.

그러면 생명체의 화학적 특이성은 무엇인가? 생명을 연구할 때 어떠한 화학적 및 분자적 문제에 부딪치게 되는가?

세포는 특별한 화학장치로서, 그 내부에서는 여러 가지 복잡한 화학반응이 일어나고 있다. 생리학적 온도, 정상적 압력 및 수분성 환경의 '온화한 조건(soft condition)'하에서 이러한 촉매 반응은 일어난다. 어떤 생화학적 반응이든지 특정한 촉매가 필요하다. 이러한 촉매의 역할은 단백질과 효소가 한다.

생화학 반응의 상당한 부분은 생합성 반응으로서 생명에 필요한 물질, 주로 단백질을 만들어 낸다. 효소뿐만 아니라 핵산과 다른 물질들이 이 과정에서 필요하다.

세포내에서는 여러 가지 형태의 일이 수행되고 있다. 생합성과 세포내외로의 물질 이동 및 세포 전체와 세포 소기관의 기계적 운동 등을 하기 위해 에너지가 소비된다. 또한 세포막에 전기적인 일을 하여 전위차를 만들어 준다. 이러한 모든 일은 특정한 물질에 저장되어 있는 화학에너지를 사용하여 이루어지는데, 그 중에서 가장 중요한 것은 아데노신 삼인산(ATP, adenosine triphosphate)이다. 세포내에서 ATP 합성에 대한 물리화학적 과정은 잘 알려져 있다.

세포의 생명 현상은 생물학적 기능을 하는 물질들의 농도가 정확한 균형을 이룸으로써 결정된다. 이 체계는 공간적 및 시간적으로 잘 조정되어 있다. 세포를 화학 장치라고 언급한 바 있는데, 그 이유는 세포 소기관과 그 분자 간에 직접적인 연관과 피드백(feedback)이 있기 때문이다. 세포와 인공 로봇인 기계 사이의 주요한 차이점은 생명체에서 조정과 처리를 결정해 주는 신호와 그 연결 방법에 있다. 인공 기계에서의 신호는 전기적이나 자기적 또는 기계적이다. 그러나 생명체에서는 신호가 분자나 이온이며, 신호의 원천과 수신처는 분자 구조를 하고 있다. 반응물을 생성물로 바꾸어 주는 촉매인 효소는 분자화학적 신호에 대한 변환기라 할 수 있다.

세포와 유기체의 생물학에서 기본이 되는 것은 화학과 분자물리학이라 할 수 있다. 생명은 분자 수준에서부터 시작하며, '분자 이하의 생물학'을 논하는 것은 아무런 의미가 없다. 따라서 생물학은 분자의 전자나 구조상의 변환을 다룰 뿐 그 이하의 변환, 예를 들면 원자핵 수준까지는 취급하지 않는다.

그러면 이제는 분자생물물리학의 주요 문제를 체계화할 수 있다. 그렇지만 이에 앞서 고분자의 특이성을 먼저 고려해야 하겠다. 왜냐하면 단백질이나 핵산같이 생물학적 기능을 가진 물질들은 주로 고분자 물질이기 때문이다.

제5장

고분자의 물리학

대부분의 고분자는 비공액인 σ－결합을 포함한 긴 사슬로 만들어져 있다. 예를 들면 폴리에틸렌과 자연 고무가 그렇다.

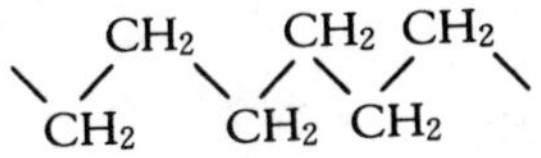

$$\diagdown CH_2 \diagup CH_2 \diagdown CH_2 \diagup CH_2 \diagdown CH_2 \diagup CH_2 \diagdown$$

폴리에틸렌

$$-H_2C-HC{=}C(CH_3)-CH_2-CH_2-HC{=}C(CH_3)-CH_2-CH_2-$$

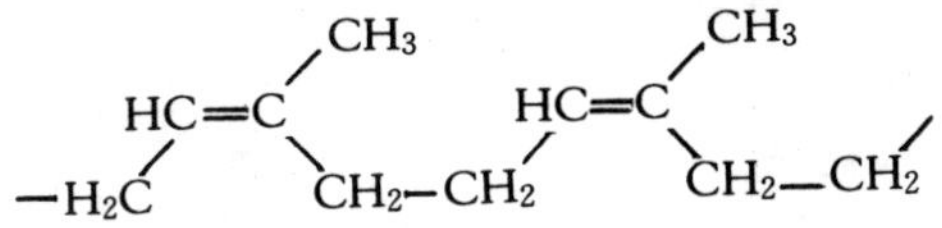

자연고무

생물 중합체의 고분자도 비공액인 단일결합을 포함하고 있다. 단백질은 아미노산 잔기로 연결된 고분자이다. 아미노산은 다음과 같은 구조를 가지고 있다.

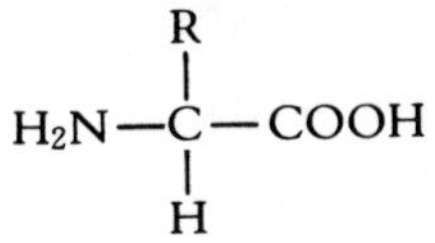

$$H_2N-\underset{\displaystyle H}{\underset{|}{\overset{\displaystyle R}{\overset{|}{C}}}}-COOH$$

R은 여러 가지 원자단을 표시한다. 단백질 사슬은 아미노산의 중축합 반응에 의하여 형성된다. 두 개의 아미노산이 통합하는 과정에서 한 개의 펩티드결합 CO－NH가 이루어지고 물 분자 한 개가 제거된다.

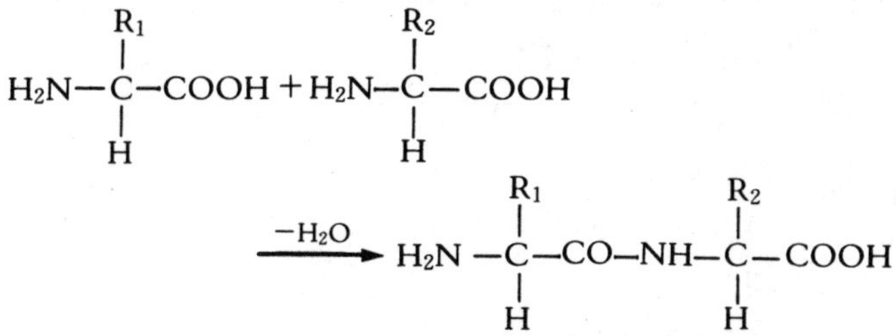

$$H_2N-\underset{\displaystyle H}{\underset{|}{\overset{\displaystyle R_1}{\overset{|}{C}}}}-COOH+H_2N-\underset{\displaystyle H}{\underset{|}{\overset{\displaystyle R_2}{\overset{|}{C}}}}-COOH$$

$$\xrightarrow{-H_2O} H_2N-\underset{\displaystyle H}{\underset{|}{\overset{\displaystyle R_1}{\overset{|}{C}}}}-CO-NH-\underset{\displaystyle H}{\underset{|}{\overset{\displaystyle R_2}{\overset{|}{C}}}}-COOH$$

자연계에서 발견된 모든 단백질은 20종류의 아미노산으로 되어 있다. 다시 말하자면 단백질 사슬은 20개의 알파벳만 가지고 쓰여진 문장과 같다. 아미노산들은 R기의 구조에 따라서 서로 구별된다. 이 기에는 원자 C와 H가 포함되어 있고 대부분 경우에는 O와 N, 두 가지 경우에는 S가 들어 있다. 가장 간단한 아미노산인 글리신(glycinc)에서는 R기가 H이다. 20개의 아미노산에 대한 구조 공식은 여러 책에 실려 있다. 특히 문헌〔10〕을 참고하여라.

핵산의 고분자도 그 사슬에 비공액인 단일결합을 포함하고 있다.

그러면 우선 사슬 구조로 결정되는 고분자의 일반적인 특이성을 고려해 보자. 이러한 특이성을 모르면 분자생물물리학을 이해하기란 불가능하다. 고무의 주요한 성질을 모르면 효소활동을 이해할 수 없는 것과 같다.

이미 논의한 바와 같이 분자내에서 단일 결합 주위로 내부회전하는 것은 가능하다. 용액 속에 있는 폴리에틸렌의 고분자(폴리에틸렌은 탄화수소에 잘 녹는다)는 열운동하는 상태에 있다. 이때 사슬 중의 단일결합 주의로 원자단이 회전한다. 그러면 회전결합이 있는 사슬에는 어떤 일이 일어나겠는가? 코일이 되어 접힐 것이다. 가령 사슬이 길이 l인 결합 N개로 되어 있다고 하자. 이때 사슬의 처음부터 끝까지의 평균 거리는 어떻게 되겠는가?(그림 5-1 참고) 평균적으로는 영이 될 것이다. 열운동의 결과로 사슬의 끝이 오른쪽에 있을 확률과 왼쪽에 있을 확률이 같기 때문이다.

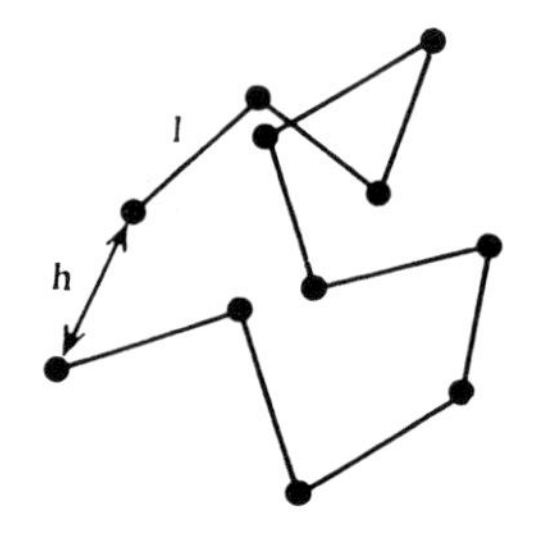

〔그림 5-1〕 꼬인 중합체사슬.

이와 같이 평균 거리를 계산하는 문제는 Brown 운동에 대한 문제와 유사하다. 그러므로 사슬의 양단간의 평균 제곱거리는 영이 아니다. 만일 사슬이 그림 5-1과 같이 자유롭게 연결되어 있다면 처음과 끝 사이의 평균 제곱거리는 다음 식으로 주어진다.

$$\overline{h^2}=Nl^2 \tag{39}$$

이 값은 중합체의 꼬인 정도를 통계적으로 나타내 준다. 만일 사슬을 완전하게 펴 놓으면 길이의 제곱은 N^2l^2이 될 것이다. 코일에서는 거리의 제곱이 Nl^2으로 줄어들고 거리 자체는 $\sqrt{N}$배가 된다.

용액에서 중합체가 느슨하게 통계적 코일을 형성하는 것은 직접적인 실험으로 확인되었다. 특히 이러한 코일들은 전자 현미경으로 잘 관찰할 수 있다. 중합체 사슬이 코일로 접히는 것은 고무의 탄성과 같이 중합체의 물리적 특이성을 잘 설명해 주고 있다.

고무의 성질은 참으로 놀랄 만하다. 고무를 실험적 및 이론적으로 연구한 결과 중합체물리학과 분자생물물리학이라는 중요한 물리 분야가 새로이 생겨났다. 기술적 요구에 부응해서 과학적 연구가 자극을 받은 몇 가지 드문 경우 중의 하나이다. 만일 자동차 공업에서 고무를 그렇게 필요로 하지 않았다면, 물리학은 고무에 대하여 대단한 관심을 보이지 않았을 것이다. 그리고 생물 중합체에 대한 물리학, 분자생물 물리학, 생물학의 발전도 늦어졌을 것이다. 일반적으로 과학에서는 기술과 관계없이 그 자체의 논리에 따라서 발달하며 실제적 응용은 그 후에 알아보는 것이 상례이다. Faraday는 발전기를 생각하지 못했으며, Maxwell과 Herz는 무선 기술을 예견하지 못했다.

고무가 고도로 탄성을 가지고 있다는 것은 무엇을 의미하는가? 고무는 비교적 힘을 덜 들이고도 두 배로 신장시킬 수 있다. 고무의 탄성률은 금속의 수십만 분의 일 정도이다. 고무줄이나 철사줄은 모두 Hooke의 법칙에 따라서 변형하는 정도는 작용한 변형력에 비례한다.

$$p=\varepsilon\frac{L-L_0}{L_0} \tag{40}$$

여기에서 L과 L_0는 각각 변형력이 가해진 후와 전의 길이이고, ε은 탄성률이다. 강철의 경우 $\varepsilon\approx2\times10^{11}$ Pa($\approx$20,000 kg중/mm^2)이고, 고무는 경화시킨 정도에 따라서 $\varepsilon=2\times10^5\sim8\times10^6$ Pa이다. 이렇게 탄성률이 작은 것은 이상기체의 특징이기도 하다. 실제로 이상기체는 Clapeyron 상태 방정식으로 기술된다.

$$pV=RT \tag{41}$$

여기에서 p는 압력, V는 부피, T는 열역학적 온도, R은 기체 상수이다. 이 기체를 일정한 온도에서 압력을 dp만큼 증가시켜 압축한다고 하자(그림 5-2 참조). 그러면 부피는 dV만큼 감소할 것이며, 상태 방정식(41)에서 다음을 얻는다.

$$p\ dV+V\ dp=0$$

그러므로 dp는 다음과 같다.

$$dp=-p\frac{dV}{V}=p\frac{L_0-L}{L_0} \tag{42}$$

여기서 L_0와 L은 피스톤의 처음 위치와 마지막 위치이다.(그림 5-2). 위의 식은 식 (40)과 비슷하며, 압력 p가 탄성률의 역할을 한다. 대기압의 경우 $p\simeq10^5$ Pa($\simeq$0.01 kg중/mm^2)이고 고무의 탄성률과 같은 정도의 크기이다.

고무와 이상기체의 유사점은 여기에서 끝나지 않는다. 자전거나 자동차 타이어에 바람을 넣어 본 사람은 알겠지만 단열압축하는 동안 기

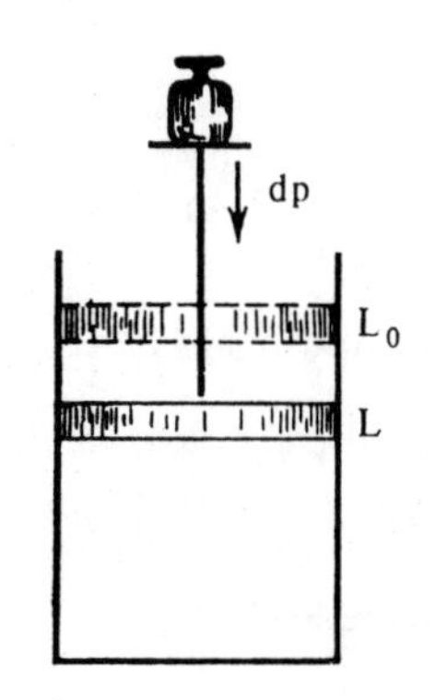

〔그림 5-2〕 피스톤에 의한 원통 안에 있는 기체의 압축.

체는 뜨거워진다. 고무줄의 경우에도 빨리 잡아당겨 입술을 대어 보면, 단열팽창하는 동안 온도가 올라가는 것을 알 수 있다. 이것은 두 경우 모두 열이 방출되고 따라서 기체와 고무의 엔트로피가 줄어드는 것을 의미한다. 힘 f를 가하여 길이 dL만큼 잡아당길 때 하는 일은(4장 참조)

$$\begin{aligned} f\,dL &= dG \\ &= dH - T\,dS \end{aligned} \tag{43}$$

이고, G는 자유 에너지, H는 엔탈피, S는 엔트로피이다. 이 식에서 고무를 등온적으로 신장시킬 때 탄성력은 다음과 같다.

$$f = \left(\frac{\partial G}{\partial L}\right)_T = \left(\frac{\partial H}{\partial L}\right)_T - T\left(\frac{\partial S}{\partial L}\right)_T \tag{44}$$

실험 결과에 의하면 고무에서 탄성력은 온도 T에 비례하고 직선 $f(T)$는 좌표축의 원점 부근을 지난다. 이것은 식 (44)에서 고무의 엔탈피(내부에너지)는 늘어난 정도와 무관함을 의미한다.

$$\left(\frac{\partial H}{\partial L}\right)_T \approx 0 \tag{45}$$

이 조건은 이상기체에서 알려져 있는 성질과 비슷하다. 즉, 이상 기체에서는 부피에 관계없이 엔탈피(내부에너지)는 일정하다. 식 (44)와 (45)를 비교하면 고무에서 탄성력은

$$f \approx -T\left(\frac{\partial S}{\partial L}\right)_T \tag{46}$$

으로 주어지고 탄성률은 열역학적 온도(절대온도)에 비례한다. 이상기체의 경우에는 식 (41)에서

$$p = \left(\frac{RT}{V}\right)$$

이므로 마찬가지로 온도에 비례한다. 고무와 기체의 탄성은 에너지에 의존하며 엔트로피에 관계되지는 않는다. 고무를 잡아당길 때에나 기체를 압축할 때 에너지는 불변이더라도 엔트로피는 감소한다. 반면에 용수철과 같은 고체의 신장에서는 내부에너지는 증가하지만 엔트로피는 거의 변하지 않는다.

이상기체의 탄성률이 엔트로피에 관계되는 것은 기체의 부피가 감소할 때 용기벽에 분자가 부딪치는 횟수가 증가하는 것을 의미한다. 이

경우에 탄성력은 분자의 열운동에 의하여 결정된다. 체계가 주어진 상태에 있을 확률이 크면 클수록, 즉 이러한 상태로 실현될 수 있는 경우의 수가 많으면 많을수록 체계의 엔트로피는 증가한다. 기체를 압축할 때 기체는 더 있음직한 희박상태에서 덜 있음직한 압축상태로 변하므로 엔트로피는 감소한다. 이러한 의미에서 고무와 기체의 유사점은 고무를 독립적으로 움직이는 많은 요소들의 결합이라고 간주할 수 있다. 고무를 잡아당기면 이들 요소가 더욱 있음직한 요소의 분포에서 덜 있음직한 분포로 바뀐다.

단일 결합 주위에 회전하는 중합체 사슬결합들이 바로 이러한 독립적 요소들이다. 고분자가 코일로 접힐 가능성이 더 많으므로 이에 해당하는 엔트로피가 증가한다.

실제로 길이 $\sqrt{h^2}=\sqrt{N}l$인 사슬로 접힌 상태는 여러 가지로 이루어질 수 있다. 그러나 길이 Nl로 완전히 펴진 사슬은 오직 한 가지 방법으로만 가능하다. 고무를 신장시킬 때 코일은 펴지며 엔트로피는 감소한다.

지금까지의 논의는 1930년대에 발달한 Kuhn, Mark 및 Guth의 고무에 대한 운동이론의 내용이다. 그 후의 고분자 물리학의 발전은 중합체사슬의 통계 이론과 연관이 되어 있는데, 화학 구조에 관한 지식에 근거를 두어 고분자의 크기, 쌍극자 모멘트, 분광성 같은 중합체의 기하학적, 전기적, 광학적 성질을 정량적으로 계산하는 것이 가능하다. 고무의 신장에 대한 분자 이론은 1950년대 레닌그라드를 중심으로 한 일단의 물리학자들이 발달시킨 일반 통계역학의 일부이다([10]을 참고). 이 이론은 그 뒤 노벨 화학상 수상자인 미국의 Flory에 의하여 더욱 발전하였다.

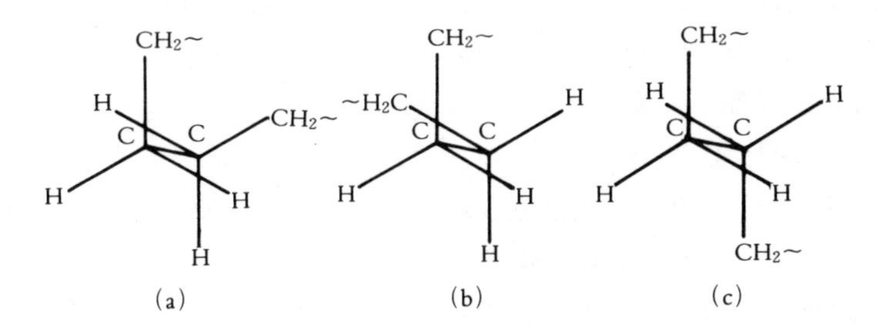

〔그림 5—3〕 **폴리에틸렌의 회전 이성질체들.**
(a), (b) 고쉬(*gauche*)회전 이성질체,
(c)트랜스(*trans*) 회전 이성질체.

이 이론의 주요 착안점은 단일결합 주위로 원자단이 특정하게 회전된 것만이 가능하며 화학구조만 알려지면 회전 이성질체는 명확한 기하학적 구조를 가진다는 것이다. 그림 5—3에는 폴리에틸렌의 회전 이성질체가 나타나 있다. CH_2기는 사슬이 계속되는 것을 의미한다.

그림에 나와 있는 회전 이성질체는 그림 2-3에 있는 이브롬에탄의 회전 이성질체와 기하학적으로 비슷함을 쉽게 알 수 있다. 그러므로 폴리에틸렌에서 내부 회전에 대한 위치 에너지 곡선은 그림 4-3에 있는 그래프와 비슷하여야 한다.

그러므로 고분자의 코일은 회전 이성질체의 혼합체로 다룰 수 있다. 코일의 크기나 쌍극자 모멘트의 계산에서는 사슬에서 가능한 모든 구조에 대하여 해당하는 특성을 평균하여야 한다. 그러므로 고분자의 통계 이론은 회전 이성질체 이론이라고도 불린다[10].

고무 같은 중합체의 신장은 고분자의 회전 이성질체에서 결합의 구조가 바뀌는 것이라 할 수 있다. 이 이론에서는 고분자 사슬의 중요한 성질인 협동도를 계산에 넣고 있다. 인접한 결합내에서의 회전은 독립적이 아니다. 원자들이 근접하는 구조 중 어떠한 것은 불가능하다. 고무의 신장도 고분자의 구조의 변화와 같으므로 협동적이라 할 수 있다.

위에서 간단하게 기술한 이론은 실험적으로 완전히 증명되었다. 고분자의 회전 이성질체 이론에서 처음으로 도입된 개념들은 생물물리학에서 매우 중요한 것으로 판명되었다. 단백질, 핵산과 같은 생물 중합체의 기능은 그 구조적 성질과 직접적으로 연관되어 있다. 이러한 의미에서 효소에 의한 촉매 작용과 고무의 큰 탄성률은 공통점이 있다.

거의 예외없이 합성된 중합체는 용액 속에서 통계학적인 코일을 이룬다. 그러나 생물 중합체에는 적용되지 않는다. 앞으로 알게 되겠지만, 세포, 유기체, 단백질 및 핵산의 기능에서는 수소결합과 다른 약작용에 의해 특정한 구조가 결정된다. 통계학적 코일은 생물 중합체가 변성하여, 즉 원래의 구조가 파괴된 결과로 생긴 것같이 보인다.

약작용으로 인하여 중합체 사슬의 결합간에 상호 인력이 작용하면 코일은 응축하여 구형같이 된다. 코일-구형 전이에 대한 상세한 이론은 Lifshits와 그의 동료에 의하여 전개되었다([10]을 참고할 것).

이러한 연구는 생물학에서 상당히 중요하다. 많은 단백질은 구형으로 존재하며 중합체 구조에 기인하는 단백질의 성질을 일반 이론으로 설명할 수 있다. 구형은 코일과 다르다. 구형은 느슨하지 않고 고체 비슷하게 밀집한 형태로 되어 있다. 20개의 알파벳으로 쓰여진 문장에 해당하는 사슬로 만들어진 단백질 구형은 Schrödinger의 표현을 빌리자면 일종의 비주기성 결정이라 할 수 있다. 앞으로 알게 되겠지만, 이것은 매우 중요한 논제이다.

제6장

분자생물물리학과 분자생물학

분자생물물리학은 세포로부터 추출한 물질들을 연구함으로써 생물학적 기능물질인 단백질과 핵산의 구조와 물리화학적 성질을 고찰하는 학문이다. 이들의 구조와 성질을 연구하는 것과 다른 물질을 연구하는 것과의 차이점은 없다. 왜냐하면 연구하고자 하는 대상이 생명 그 자체가 아니라 생명체를 이루고 있는 구조물질이기 때문이다. 그러나 이러한 분자들의 특성을 밝혀 내는 것은 분자 수준에서 결정되는 근본적인 생명 현상과 직결된다.

다음 단계는 생물학적 기능을 가진 '생물분자'들의 물리화학적 기초를 규명하는 것이다. 단백질의 가장 중요한 생물학 및 생화학적 기능은 효소로서의 촉매 작용이고, 과학으로 그것을 설명해야 한다. 산소를 저장하는 미오글로빈(myoglobin)과 산소 운반체로서 작용하는 헤모글로빈, 감마 글로불린(gamma globulin)의 면역학적 기능, 그리고 근육이 수축할 때 근육의 행동을 조절하는 단백질 등과 같은, 특수한 단백질들의 다른 생물학적 기능도 같은 관심거리이다.

핵산은 어떻게 기능하는가, 단백질에는 어떻게 관여하는가 하는 문제는 생물학의 근본적 문제, 즉 유전과 변이에 직접 관련이 있다.

마지막으로 세포내의 여러 물질들의 상호 작용을 연구해야 한다. 이것은 초분자적인 세포 구조의 물리학, 즉 전체적으로 세포에 접근하는 연구를 필요로 한다.

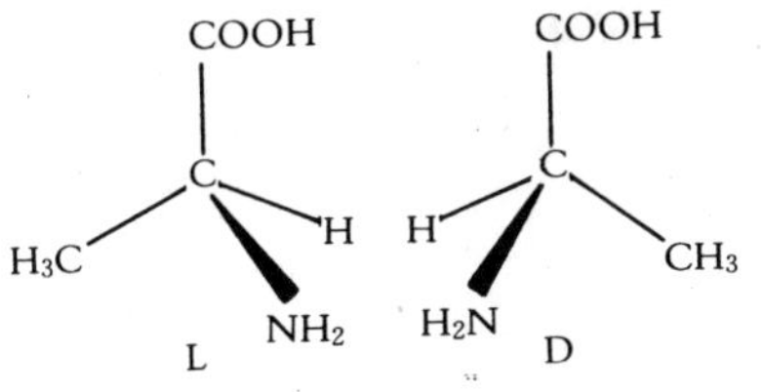

COOH COOH
C C
H_3C H H CH_3
NH_2 H_2N
L D

〔그림 6—1〕 **알라닌의 입체 이성질체.**

우리는 이미 단백질이 아미노산 잔기들의 배열로 구성된다고 말했다. 아미노산의 뚜렷한 특징을 강조해 보자. 글리신(glycine)을 제외하고는 단백질을 구성하는 모든 아미노산은 비대칭 분자이다. 그들은 두 개의 원자 배열 형태(어떤 회전에 의해서도 일치할 수 없는 두 형태, 예컨대 오른손과 왼손이 일치하지 않는 것처럼)로 존재한다. 알라닌(alaninc)의 좌회적, 우회적 공간 구조가 그림 6-1에 나타나 있다. R기는 CH_3이다. 자연 상태의 모든 단백질은 왼손잡이 아미노산 잔기들로만 이루어져 있다는 것은 중요한 사실이다. 우리는 11장에서 전생물적(前生物的) 진화를 고려하면서 이러한 놀라운 사실에 대하여 다시 논의할 것이다. 우회적인 것과 좌회적인 분자는 편광면의 회전부호에 의해 구별되고 비대칭 분자는 광학적으로 활성을 나타낸다. 따라서 모든 단백질(핵산도 포함해서)들은 광학적으로 활성적이고 이러한 성질은 그들을 연구할 수 있는 좋은 기회를 마련해 주고 있다.

하나의 사슬에 아미노산 분자의 배열로 이루어진 단백질 문장은 단백질의 1차 구조라 불린다. 현재 100개 이상의 단백질 1차 구조가 밝혀졌고, 이들은 생물학적 진화 연구에 매우 가치 있는 정보가 되었다. 여러 종류의 비슷한 단백질(예를 들면 척추동물의 헤모글로빈들)은 그 1차 구조에서 차이가 있다. 종이 서로 가까울수록 그 차이점은 작아진다. 따라서 비슷한 단백질의 1차 구조에 따라 종의 족보(family tree)를 복원하는 것이 가능하다. '1차 구조'라는 용어는 단백질이 더 높은 수준의 구조를 갖고 있다는 것을 지적해 준다. 즉, 2차, 3차, 심지어는 4차 구조까지 존재한다.

2차 구조는 단백질 사슬 또는 그 일부의 공간적 배열이다. Pauling과 Corey에 의해 처음 밝혀진 바에 따르면 2차 구조에는 몇 개의 기본적 형태가 있다. 소위 α-나선이 그림 6-2에 나타나 있다. 단백질 사슬은 단일결합 C-C와 C-N 주위의 내부 회전 때문에 나사 사선처럼 겹쳐진다. 아무런 형태의 코일로 변형되지는 않는다. 즉, 한정된 나선 구조는 하나의 펩티드결합의 N-H기와 다른 펩티드결합의 C=O기 사이의 수소결합에 의하여 유지된다. 나선에서 수소결합(그림 6-2에서 점선)은 제1 및 제2 결합, 펩티드결합은 각각 제4 및 제5 결합과 연결된다. 수소결합은 나선축을 따라 평행으로 이루어진다. 이것과 또 다른 2차 구조의 존재가 이론적 계산이나 X선 회절 같은 물리 실험에 의해 확인되었다.

우리는 α-나선에서 수소결합의 연결이 일정한 구조를 결정한다는 것을 알고 있다. 단백질의 α-나선은 비주기적 선형결정과 비슷하다.

단백질의 또 다른 흔한 구조는 베타형이다. 서로 이웃하는 사슬들은 거의 평평한 구조를 형성하며 트랜스형을 이루고 있다. 또한 이 사슬들은 이런 트랜스 사슬에 수직 방향으로 작용하는 수소결합에 의해 연결된다. 단일 단백질 분자에서는 머리핀 형태의 '엇갈린 베타형'이 자주 형성된다.

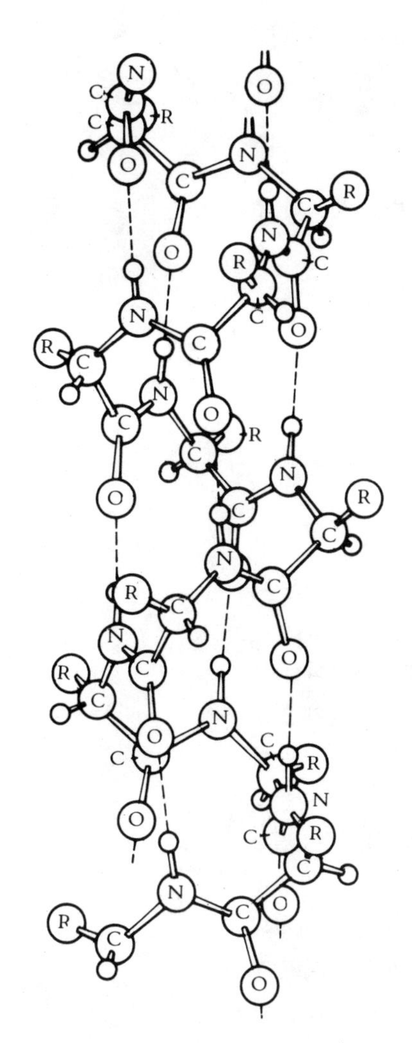

〔그림 6—2〕 α—나선 모형도.
R은 아미노산의 잔기이고, 점선은 수소결합이다.

단백질은 열을 받거나 주위 환경이 변할 때(예를 들면 산, 알칼리, 요소 등의 작용) 2차 구조, 즉 α—나선이 파괴된다. '나선—코일'변환이 일어난다. 이러한 변형에 관한 물리학의 놀랄 만한 점은 그 전환이 점차적으로 일어나는 것이 아니라 '실무율(all or nothing)' 원리에 따라 일어난다는 것이다. 바꿔 말하면, 어떤 일정한 온도(보통 100℃ 이하)까지는 나선이 안정하나 그 이상이 되면 전체적인 파괴가 일어난다. 왜 이렇게 될까?

여기서 상태전환과 비슷한 상호 협력적인 현상을 접하게 된다. 결정의 융해와 액체의 비등은 실무율에 따라 갑자기 일어난다. 물리적 이론에 따르면 이러한 현상은 하나의 체계에서 입자들의 협력적 상호 작용에 기인한다. 따라서 예를 들면 결정은 결정과 액체의 자유 에너지가 같을 때 녹는다. 즉, 다음과 같다.

$$H_{결정} - T_{융해}\, S_{결정} = H_{액체} - T_{융해}\, S_{액체} \tag{47}$$

H는 엔탈피, T는 온도, S는 엔트로피를 나타낸다. 바꿔 말하면 결정은 에너지(엔탈피)의 소비가 엔트로피의 획득에 의해 보상될 때 녹는다. 즉, 다음 식이 성립한다.

$$H_{액체} - H_{결정} = T_{융해}(S_{액체} - S_{결정}) \tag{48}$$

융해 온도는 다음과 같다.

$$T_{융해} = \frac{H_{액체} - H_{결정}}{S_{액체} - S_{결정}} \tag{49}$$

결정이 열을 받을 때 그 원자들의 에너지(엔탈피)는 증가한다. 물론 결정격자로부터 방출된 원자는 격자에 붙어 있는 원자보다 더 많은 자유도를 갖고 있으므로 엔트로피는 증가해야 한다. 하지만 이웃하는 원자를 건드리지 않고 원자를 방출하기는 어렵다. 따라서 엔트로피는 증가하지 않는다. 증가된 에너지가 엔트로피 증가에 의해 보상되지 않으므로, 전체 격자는 상호 협력적인 방식으로만 파괴된다. 이와 비슷하게 α - 나선의 어느 고리도 이웃하는 수소결합의 붕괴 없이는 방출되기가 어렵다. 그러한 방출을 위하여 주어진 고리를 고정하는 수소결합을 깨는 데 에너지가 소비되어야 하지만 그 연결이 자유로이 운동할 수 없기 때문에 엔트로피를 얻을 수 없다. 즉, 그것은 이웃의 고정된 연결들 사이에서 꽉 '조여진다.' α - 나선의 '융해'는 일련의 수소결합이 동시에 깨져야만 수행될 수 있다. 그것은 협력적인 과정이다. 같은 방법으로 베타형의 2차원적 결정의 융해도 일어난다.

단백질 사슬은 구조와 성질이 다른 고리들로 구성된다. 즉, 하나의 균일한 2차 구조를 갖고 있지 않다. 균일한 구조는 어느 가닥의 일부분에서만 나타난다. 공유결합으로 연결되지 않은 연결 사이에 약한 상호 작용이 있기 때문에 단백질은 구형이라 불리는 촘촘한 공간 구조로 겹쳐진다. 이것이 3차 구조이다. X선 회절의 도움으로 밝혀진 미오글로빈 구형의 구조가 그림 6-3에 나타나 있다. 이러한 방법으로 약

100개의 단백질에 대한 3차 구조가 연구되어 왔다. 그림 6−3에서 α−나선 부분은 라틴 문자로 표시되었다. 이러한 부분은 모든 아미노산 고리의 약 75%를 차지하고, 나머지 25%는 구부러진 부분과 극소량의 정돈된 부분을 형성한다.

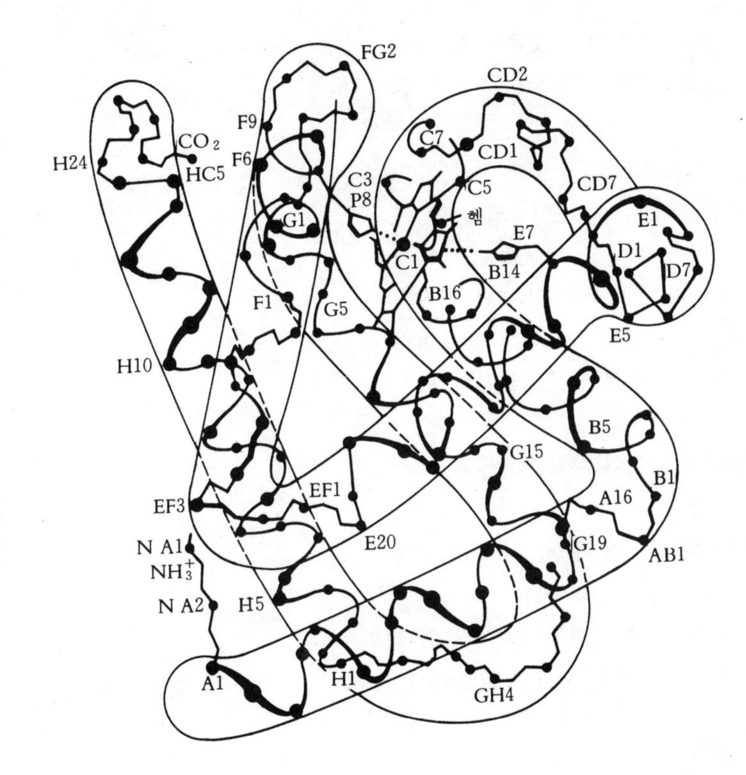

〔그림 6−3〕 미오글로빈의 3차 구조 모형도
(문자들은 나선 구조 부분을 표시하고, 숫자는 나선 구조의 각 잔기의 번호를 나타낸다).

〔그림 6−4〕 헴(heme)의 구조.

미오글로빈은 산소 분자 O_2를 저장하는 생물에 의해 사용된다(따라서, 미오글로빈은 고래의 체내에 많이 함유되어 있다). 산소는 단백질과 연결된 비단백질 헴(heme)에 의해 미오글로빈에 결합된다. 헴의 구조가 그림 6-4에 나타나 있다. 헴은 일련의 융합된 π-결합에 의해 형성된 소위 포르피린환을 포함한다. 포르피린 화합물은 가시 광선을 흡수하여 색을 띠고 있다.(2장 참고) 쇠고기가 빨간 것은 동물의 미오글로빈에 있는 헴 때문이다. 헴의 포르피린환의 중앙에는 산소와 결합하는 철(Fe) 원자가 있다.

포르피린 화합물은 생명 현상에서 매우 다양하고 중요한 역할을 한다. 예를 들면, 헴은 혈액의 헤모글로빈과 호흡 효소(시토크롬 등)에도 함유되어 있다. 광합성 식물의 녹색을 나타내는 엽록소는 중앙에 마그네슘 원자를 갖는 포르피린환을 갖고 있다. 비타민 B_{12}는 코발트 원자의 포르피린환을 갖고 있고, 절지동물의 혈액은 구리의 포르피린 화합물을, 해초류의 혈액은 바나듐 원자와 결합하는 포르피린의 반쪽환(dipyrrole group)을 포함하고 있다.

구형 단백질의 물리학은 매우 중요하다. 구형이 무엇이고, 그 구조를 안정시키는 힘은 무엇이며, 사슬의 1차 구조와 어떤 관련이 있는지를 알 필요가 있다. 주된 문제는 단백질의 기능적 성질, 특히 효소적 성질이 구형 구조에 의해 어떻게 결정되는가 하는 것이다.

구형은 주로 일련의 약한 상호 작용에 의해 안정화된다. 뿐만 아니라 몇 개의 화학결합, 즉 시스테인 잔기 사이의 이황화물(二黃化物) 결합, 수소결합, van der Waals 힘, 대전 그룹간의 정전기적 인력 등이다. 특히 중요한 역할을 하는 것은 소수성 인력이다.

단백질은 수용성 환경에서 기능을 발휘하므로 물의 영향을 고려하지 않고는 그들의 구조를 이해할 수 없다. 연구하고자 하는 물질과 관찰하기 위한 장치까지 포함하여 주위 환경과의 상호 작용을 고려하는 것이 현대 물리학의 특징이다. 앞에서 언급했듯이 물은 그물과 같은 수소결합에 의해 특수한 성질을 갖는 액체이다. 우리는 물에 녹지 않는 소수성 물질과 물을 좋아하는 친수성 물질이 있다는 것을 보았다.

20개의 아미노산 잔기 중에서도 소수성인 것과 친수성인 것이 있다. 전자는 주로 R기가 탄화수소들이다. 소수성, 즉 모든 아미노산에 대하여 물을 배척하려는 정도가 연구되었다. 그 측정값은 에틸알코올과 물에 용해될 때의 자유 에너지의 차이다. 이러한 값들이 표 6-1에 수록되었다. 소수성은 트립토판(Trp)에서 글루타민(Gln)으로 가면서 감소한다. 처음 10개 아미노산은 소수성, 다음 10개의 아미노산은 친

〔표 6—1〕 **아미노산의 소수성***

1. 트립토판(Trp)	715	11. 알라닌(Ala)	174
2. 이솔루신(Ile)	707	12. 아르기닌(Arg)	174
3. 티로신(Tyr)	683	13. 시스테인(Cys)	155
4. 페닐알라닌(Phe)	630	14. 글루탐산(Glu)	130
5. 프롤린(Pro)	620	15. 아스파르트산(Asp)	128
6. 루신(Leu)	576	16. 트레오닌(Thr)	105
7. 발린(Val)	400	17. 세린(Ser)	10
8. 리신(Lys)	357	18. 글리신(Gly)	0
9. 히스티딘(His)	333	19. 아스파라긴(Asn)	−3
10. 메티오닌(Met)	310	20. 글루타민(Gln)	−24

* ΔG는 몰당 줄임.

수성으로 간주된다.

소수성 상호 작용 때문에 쉽게 구부러질 수 있는 단백질 사슬은 소수성 잔기가 중앙에 위치하여 물과 접촉하지 못하도록 하는 방법으로 구형이 겹쳐진다. 예를 들면, 이것은 미오글로빈에서 볼 수 있다.

단백질 용액은 가열하거나 산, 알칼리 등에 영향을 받으면 구형 구조가 파괴되지만 1차 구조는 그냥 남아 있게 된다. 단백질 변성은 상태전환과 비슷한 구형—코일 전환으로 일어난다.

변성된 단백질은 본래의 단백질의 생물학적 기능이 없다. 즉, 삶은 계란에서 병아리가 나오는 것은 불가능하다. 그러나 매우 조심스럽게 변성시키면, 재생(구형 구조의 회복)이라는 역과정이 때로는 가능하다. 이것은 사슬의 1차 구조와 구형의 공간 구조 사이에 관련이 있음을 보여 준다. 알고 있는 1차 구조를 토대로 구형의 구조를 예상하는 이론이 어느 정도 성공적으로 개발되고 있다. 3차 구조보다 1차 구조를 밝히는 것이 훨씬 쉽다. 언급했듯이 약 1,000개 단백질의 1차 구조와 약 100개의 공간 구조가 알려졌다.

단백질의 가장 중요한 기능(효소활성)에 대해서 생각해 보자. 효소는 일종의 신비로운 '암흑 상자'이다. 이 상자를 조사하는 두 가지 방법은 다양한 입력 신호를 넣어서 출력 신호를 연구하거나 또는 상자 내부를 조사하는 것이다. 우리들은 두 가지 방법을 모두 사용한다. 첫째는 여러 조건에서 효소 반응을 연구하고, 둘째는 광학적, 편광학적, 그리고 X선 분석과 같은 구조물리방법적으로 연구한다.

효소와 반응하는 기질 분자는 구형에 있는 구멍으로 들어가서 활성부위(사슬에서는 서로 멀리 떨어져 있지만 구형에서는 서로 이웃하는 아미노산 잔기의 집단)에 결합된다. 기질의 결합은 역학적 과정이다. 꽉 짜여진 구조에도 불구하고 구형은 어떤 구조적 융통성(고리들은 활성부위에서 단일결합 주위를 회전함)을 유지하고 있다. 그 결과 기질을 흡수한 구형 구조는 최적 상호 작용이 마련되는 방법으로 변하게 된다. 효소-기질 복합체는 적합하게 유도된 상호 구조로 되고 기질은 생성물로 변형된다. 그러면 생성물은 활성부위, 즉 효소로부터 빠져 나온다.

많은 효소들의 활성부위에서 일어나는 화학 반응이 현재 잘 연구되고 있다. 활성부위에서의 과정은 항상 일련의 단계를 거쳐서 일어난다. 단백질의 구조는 매 단계마다 변한다. 효소 촉매의 물리적 이론은 아직 발달되어 있지 않지만, 일련의 중요한 결과가 알려졌다. 효소 반응 과정은 궁극적으로 화학 반응, 즉 기질 분자의 전자껍질의 재구성을 의미한다. 효소는 활성 에너지의 효과적인 감소를 일으킨다. 이것은 단백질 분자에서의 구조적 운동, 즉 단일결합 주위의 원자단의 회전 결과로 성취된다. 따라서 분자생물물리학의 주된 과제 중의 하나는 부수되는 자유도를 서로 연결하는 전자-구조적 상호 작용(ECI, electronic-conformational interaction)의 이론적이고 실험적인 고찰인 것이다. 이 분야의 과학적인 발달에도 불구하고 우리는 효소 반응의 속도를 이론적으로 아직 계산할 수 없다. 즉, 하나의 효소에 의해 생겨나는 활성화 에너지의 감소를 정량적으로 결정할 수 없는 것이다.

ECI 이론은 양자역학과 양자화학을 토대로 성립되었다. 어떠한 화학 반응에서도 전자와 원자핵의 재배치가 일어난다. 효소와 같은 단백질에서는 단일결합의 주위를 도는 데 필요한 에너지가 그 결합을 펴거나 결합각도를 변화시키는 데 필요한 에너지보다 훨씬 작기 때문에 핵의 이동이 특이하다. 그래서 단백질에서의 핵운동은 구조적 운동으로 변한다. 전자에너지 수준의 변화는 구조적 변화를 수반하며 역도 성립한다. 즉, ECI가 효소적 촉매 작용을 제공한다고 할 수 있다.

ECI의 성질은 Gray와 Gonda[11]의 연구 결과 제안된 시각적 모델로 설명할 수 있다. 전위 상자에 있는 하나의 전자를 생각하자(2장과 비교하라). 전자에 대한 모델인 정상파는 상자벽에 미치는 압력을 만들어 준다(식 (7)과 비교하여라).

$$f = -\frac{dE_n}{dL}$$

$$=\frac{n^2h^2}{4mL^3} \tag{50}$$

주어진 상태에서 상자벽은 그 압력이 외부의 힘과 평형을 이루기 때문에 부동성이다. 전자가 들뜨게 되면 그것의 양자수는 n에서 $n'=n+\Delta n$으로 증가하고 압력도 증가한다. 결과적으로 평형이 깨지고 벽이 이동하며 전자는 기계적인 일을 한다. 그리고 벽은 새로운 위치 $L'=L+\Delta L$에서 다시 평형을 이루게 된다. 일은 다음과 같다.

$$W=(f'-f)(L'-L)$$

$$=\frac{h^2}{4m}\left(\frac{n'^2}{L'^3}-\frac{n^2}{L^3}\right)\Delta L \tag{51}$$

그림 6—5는 이러한 과정의 개략적인 그림이다. 벽의 이동은 상자폭 L의 제곱에 반비례하는 전자에너지의 감소를 일으킨다. 벽은 무거운 원자핵을 나타낸다. 그러나 생물 중합체에서의 그들의 이동은 구조의 변화를 의미한다. 따라서 그 체계에서 전자 상태의 변화는 구조 상태의 변화를 가져오고 전자에너지는 일부가 구조에너지로 변환된다. 동시에 효소 반응의 활성화 장벽이 낮아진다. 이것은 그림 6—6에 도식적으로 표현되었다.

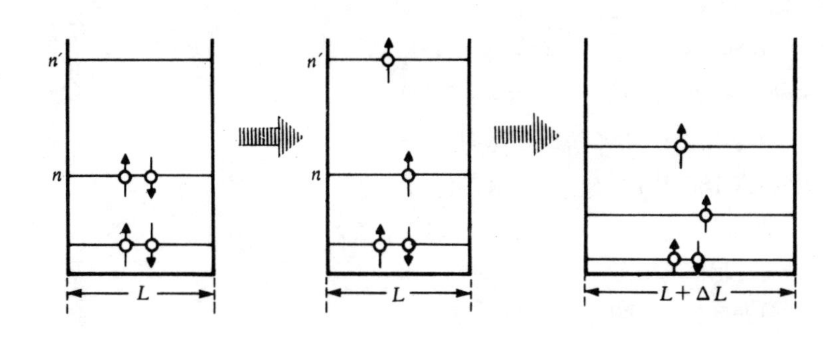

〔그림 6—5〕 ECI 도표.

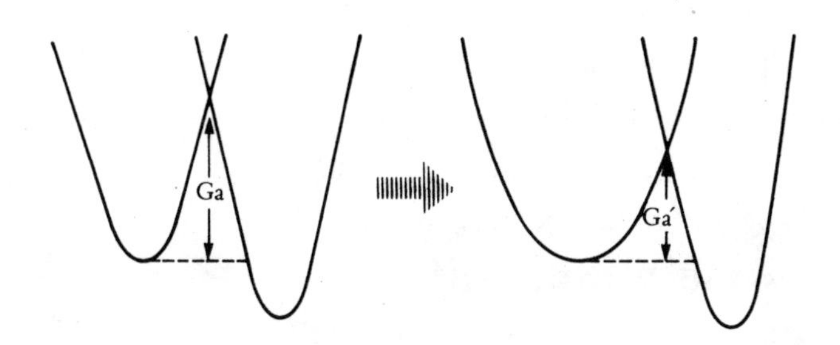

〔그림 6—6〕 ECI에 의한 활성화 에너지의 감소.

네모 우물 퍼텐셜을 전자의 조화 진동자에 대응하는 포물선 모양으로 바꾸어 보도록 하자. 그림 6−6에서 왼쪽은 반응물들의 상태를, 오른쪽은 생성물의 상태를 나타낸다. 그들은 퍼텐셜 장벽에 의해 분리되는데 장벽은 포물선의 경사가 급할수록 더 높아진다. ECI 때문에 들뜬 전자가 한 구조적 일은 포물선의 기울기를 작게 하고 활성화 장벽을 낮춘다. 따라서 ECI는 효소에 의해 촉매된 반응을 가속시킨다. 효소없이 진행되는 비슷한 반응과 비교하면 효소 반응은 10배 이상 빨리 일어난다. [10, 12]

많은 효소들은 활성부위에 보조인자로서 비단백질성의 원자와 원자단들을 가지고 있다. 특히 금속 이온들이 보조인자로서 작용한다. 또한 희귀 원소들도 이러한 기능을 한다. 예를 들면 매우 중요한 효소인 니트로게나제(nitrogenase)에서는 몰리브덴이 보조인자로 작용한다. 니트로게나제는 콩과 식물(콩, 클로버 등)과 같이 공생하는 뿌리혹 박테리아에서 대기 중의 질소고정을 촉매한다. 질소는 단백질, 핵산 등에 필수적이므로 질소고정은 지구상의 생명의 근본이 된다. 몰리브덴이 없이는 질소고정이 불가능하다.

지난 10년 동안 과학의 새로운 분야인 생물 무기화학이 발달하기 시작하였다. 이 분야의 주요 과제는 금속을 포함하는 단백질의 구조와 성질을 연구하는 것이다. 현대의 무기화학은 전이금속, 즉 여러 가지의 전자가를 가지고 있는 금속에 의해 형성되는 혼합물 또는 축합물에 대한 화학이 대부분을 차지하고 있다. 이 분야의 과학적 이론은 금속을 포함하는 단백질에 그대로 응용될 수 있다. 이러한 단백질은 전이원소로 인해 흡수 스펙트럼과 전자의 상자성 공명 스펙트럼 등의 도움으로 ECI를 연구할 수 있기 때문에 ECI의 연구에서 가장 흥미를 끌고 있다.

이런 문제와 관련하여 현대 화학의 지식 체계를 논의해야 한다. 18세기와 19세기 초에 유기화학이란 인공적으로 얻을 수 없다고 생각되는 동물과 식물에 기원을 둔 물질에 관한 화학을 의미했다. Wöhler의 발견 후 상황은 변했고, 점차 유기화학은 탄소함유물, 좀더 정확히 말하자면 탄화수소 화합물과 그 유도체의 화학으로 변하였다. 이산화탄소나 탄산칼슘과 같은 물질은 자연적으로 무기화학에 속한다. 금세기 후반에 생화학과 분자생물학의 성공으로 생물 유기화학, 즉 천연 화합물의 유기화학이 발달하였다. 유기화학은 새로운 원리에 따라 다시 생명현상에 이르게 되었다. 지난 10년 동안에 생물 무기화학은 생물 유기화학과 결합되었다.

이미 언급했듯이 효소는 모든 생화학적 반응을 촉매한다. 효소는 뛰어난 촉매로서 온화한 상태의 용액에서 작용하고, 조금만 다른 구조를 가진 물질에도 작용하지 않는 하나의 기질에만 작용하는 매우 선택적인 것이다. 일반 화학에서는 중요하지 않을 수 있는 분자 구조의 작은 차이점이 생화학에는 결정적일 수 있다. 예를 들면 C_2H_5OH는 취하게 하고 CH_3OH는 눈을 멀게 한다. 이 두 알코올의 화학적 성질은 비슷하지만, 생명체내에서는 그 화학적 반응이 매우 독특한 성질을 가지고 일어난다.

효소들 중에는 생화학 반응에서 피드백을 나타내는 것이 있다. 이러한 효소들을 알로스테릭(allosteric)이라 부른다. 생화학적 변환의 사슬을 생각해 보자.

$$A \rightarrow B \rightarrow C \rightarrow D \rightarrow E \rightarrow F$$

모든 변환은 자신의 효소에 의해 촉매된다. 그 반응계의 최종 생성물 F는 반응 순서의 첫반응 A→B를 촉매하는 효소의 작용을 억제하는 곳에 존재한다. 그런 식으로 피드백이 실현되어서, 생성물 F가 너무 많이 생성되면 모든 과정이 반응의 첫단계에서 멈춘다.

알로스테릭 효소는 4차 구조를 가지고 있다는 것이 밝혀졌다. 이것은 그들의 분자가 몇 개의 구형으로 형성되고 각각은 자신의 활성부위를 갖고 있다는 것을 의미한다. 구형은 상호 작용하고 주어진 활성부위의 행위는 다른 활성부위의 상태에 따라 달라진다. 즉, 리간드(ligand)의 활성부위 점유에 따라 달라진다. 이런 의미에서 4차 구조를 갖는 단백질은 협력적 성질을 갖는다. 헤모글로빈이 그런 단백질이다.

헤모글로빈은 효소가 아니라 산소 분자의 운반체로서 작용한다. 헤모글로빈 분자는 네 개의 구형으로 되어 있고, 각각은 미오글로빈의 구형(그림 6-3 참고)과 비슷하다. 네 개의 구형마다 O_2와 결합하는 활성 부위인 헴이 있다. 따라서 헤모글로빈 분자는 네 개의 산소 분자와 결합할 수 있다. O_2의 결합은 협력적 방법으로 일어난다. 어떤 활성부위의 산소에 대한 친화력은 다른 활성부위에 의한 O_2의 결합에 따라 증가한다. 이와 함께 헤모글로빈의 산소 포화 곡선은 굴곡하는 형태이고 반면에 미오글로빈의 포화 곡선은 완만하다(그림 6-7). 헤모글로빈의 이러한 성질은 호흡의 생리학에 있어서 매우 중요하다.

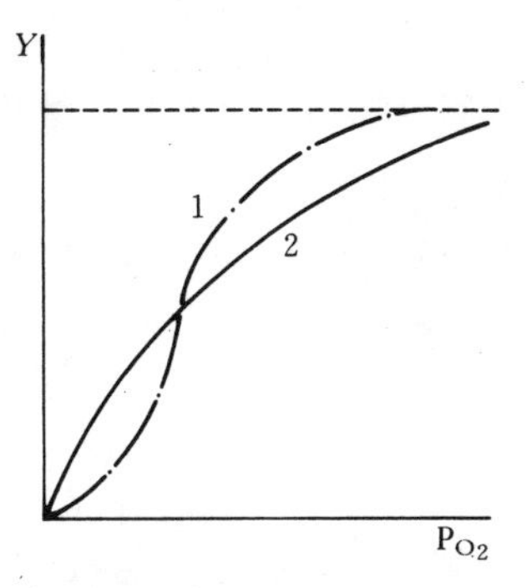

〔그림 6-7〕 산소에 대한 헤모글로빈(1)과 미오글로빈(2)의 포화 곡선.

분자생물물리학, 특히 효소의 생물물리학에 관한 좀더 상세한 정보는 여러 가지 문헌에서 찾아볼 수 있다.〔10, 13, 14〕

구형 단백질과 함께 털과 피부(keratin) 및 연결 조직(collagen)의 단백질, 그리고 근육의 수축 단백질(8장을 보라)과 같은 섬유 단백질에 의해서도 많은 중요한 기능이 수행된다.

세포는 어떻게 단백질을 만드는가? 어떻게 자신의 존재를 지키는가?

단백질의 생합성은 데옥시리보핵산(DNA) 분자와 이와 비슷한 여러 형태의 리보핵산(RNA)의 불가분의 협력하에 이루어진다. 데옥시리보핵산은 유전자 물질이기 때문에 우선 유전자의 기능을 이해해야 한다. 생물의 수준에서 유전자는 유전자나 유전의 매개체이다. 그러나 무엇이 유전되는가? 눈이나 머리의 색과 같은 성질은 많은 유전자의 공동 작용으로 결정된다. 그러면 하나의 유전자는 무엇을 하는가?

세포와 생물은 그 성질이 분자 수준에서 프로그램된 화학기계이고 모든 생화학적 반응은 특정한 효소의 참여를 요구한다. 따라서 유전의 분자적 기초는 특정 단백질의 합성에 수렴한다. 발달 과정의 유전적 프로그램은 단백질 생합성의 프로그램이며, 유전자는 특정 단백질 사슬을 합성하는 프로그램의 운반체이다. 이런 기본적 이론의 발견은 생물학이 성취한 가장 중요한 업적 중의 하나이다.

유전자 물질, 즉 DNA는 핵을 포함하는 진핵세포의 염색체의 주성분이다. 염색체는 DNA와 단백질로 구성된다. 원핵세포(핵이 없는 세포 : 박테리아, 몇몇 조류)에서는 염색체의 역할을 순수한 DNA가 한다. DNA의 구조란 무엇인가?

단백질과 같이 DNA도 생물 중합체이다. DNA 분자는 현대 과학으로 밝혀진 가장 큰 분자이다. 그 분자량은 10^9 u에 달하는 것도 있다. 단백질과 달리 DNA 사슬은 당(디옥시리보오스) 그룹과 인산염 그룹이 교대하여 형성된다. 하지만 각각의 당은 옆에 질소염기를 포함하기 때문에 사슬이 단조롭지는 않다. 염기로는 아데닌(A), 구아닌(G), 티민(T), 그리고 시토신(C) 네 가지가 있다. 그들의 구조식은 여러 책(예 [10])에 있기 때문에 열거하지는 않겠다. DNA 사슬의 구조 도식은 다음과 같다.

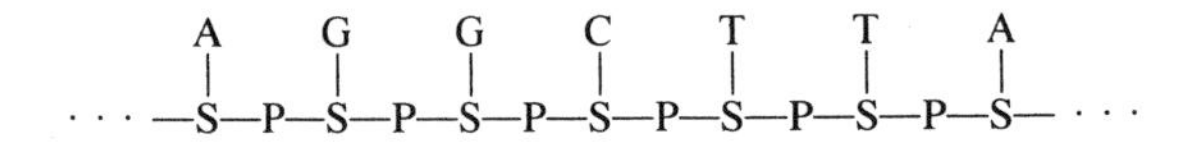

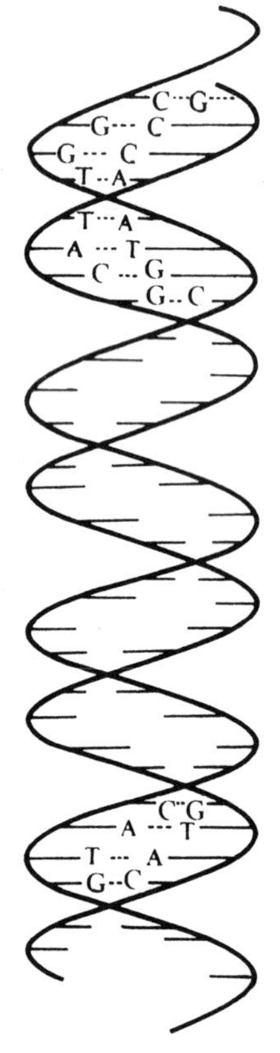

〔그림 6—8〕 DNA의 이중나선구조.

여기서 S는 당, P는 인산염이다. 따라서 단백질과 같이 DNA 사슬은 20 문자 대신에 4 문자의 알파벳으로 쓰여진 '문장(text)'이다.

DNA의 1차 구조는 질소염기 또는 뉴클레오티드의 배열이고, 그 고리는 다음과 같다.

$$
\begin{array}{c}
\text{질소염기} \\
| \\
-\text{P}-\text{S}- \\
\cdot
\end{array}
$$

유전자는 DNA 사슬의 부분이다. 유전자는 어떻게 작용하는가? 그것은 어떻게 단백질 합성을 마련하는가? 수세대를 걸쳐도 일정하게 남아 있는 유전자의 높은 안정성은 무엇이 결정하는가? 새포분열 동안 유전자의 복제는 어떻게 일어나는가?

이러한 모든 질문에 대한 해답은 분자생물학과 분자생물물리학에 의해 얻어지고 X선 회절의 도움으로 얻어진 DNA의 2차 구조를 앎으로써 풀 수 있다. DNA는 이중나선구조이며 두 사슬이 두 가닥 전선처럼 함께 꼬여 있다는 사실이 밝혀졌다. 이러한 발견이 있기 전에 DNA에는 A의 양이 T의 백분율과 같고 G의 양은 C의 양과 같다(Chargaff의 법칙)고 알려졌다. 나선의 두 사슬은 서로 상보적이다. 즉, 한 사슬의 G의 반대편에는 항상 C가 위치하고 A와 T도 똑같은 방법으로 맺어진다는 것이 밝혀졌다. 이들은 서로 수소결합에 의해 연결된다. 그림 6—8에 이중나선의 도식이 나타나 있다. Crick, Wilkins와 함께 DNA의 이중나선구조를 밝힌 Watson은 그 발견의 역사를 훌륭하게 기술하고 있다.〔15〕

DNA의 이중나선구조의 발견은 구조를 이해하는 때에만 중요한 것은 아니다. 이 구조는 매우 특이하며, 그것을 이해한다는 것은 DNA의 성질에 관한 매우 중요한 정량적 결론과 직결된다. 수소결합으로 안정화된 이중나선(단백질의 α—나선과 대조적으로 DNA의 수소결합은 나선과 같은 방향이 아니라 수직이다)의 존재는 DNA 그리고 유전자의 안정성을 설명해 준다. 그래서 Schrödinger의 질문(1장)에 대한 대답이 얻어졌고, DNA복제(세포분열마다 두 배로 됨)의 모델이 즉각 이루어질 수 있다. 이 모델이 그림 6—9에 나타나 있다. 주위의 조건 변화가 이중나선을 고정하는 수소결합의 파괴를 유발한다고 가정하자. 나선은 두 사슬로 풀어진다(그림 6—9(a)). 이때의 각 사슬의 뉴클레오티드는 G는 C와 A는 T와 결합하는 식으로 주위의 용액에 있는 단위체(monomer)와 결합한다(그림 6—9(b)). 그러면 단위체의 중합이 일어나고 처음 것과 똑같은 두 개의 새로운 이중나선이 형성된

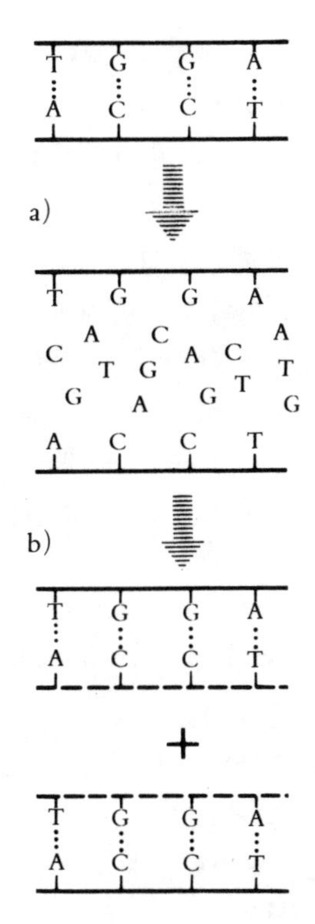

〔그림 6—9〕 DNA의 복제.
(a) DNA 사슬의 분리, (b) 새로운 이중나선의 형성.

다. 이 모델은 전적으로 실험에 의해 확인되었다. 그래서 DNA의 이중나선구조를 벗기는 물리적 연구가 우연히 생물학의 기본 문제와 관계를 맺게 되었다.

유전자의 안정성은 절대적이 아니다. 유전자에서는 구조의 변화와 그로 인한 생물의 유전형질 변화를 나타내는 돌연변이가 나타난다. 돌연변이는 화학적 또는 광선의 작용에 의해 생기고 또한 열운동에 의해 자연적으로 일어나기도 한다. 후자는 DNA 복제 동안 실수에 의해 생긴다. 예를 들면 G가 우연히 C가 아닌 T와 결합하면 이런 2차 구조의 변형이 다음 복제에서 고정되어 버린다.

α－나선처럼 DNA의 이중나선도 '녹을'수 있다. 65~70℃ 정도까지 용액을 가열하면 예민한 협력적 나선－코일의 전이가 일어나고 용액의 점성도 감소를 수반하며 그의 광학적 성질을 변화시킨다.

분자생물물리학의 근본 문제에 대한 발견 및 공식화와 더불어 생물 중합체의 연구의 물리적 방법과 이런 방법의 이론이 성취되었다. 이러한 방법은 단백질과 핵산 분자들이 X선과 감마선에서 라디오파에 이르는 다양한 파장을 가진 빛과의 상호 작용으로 귀결된다. 여기에서는 이러한 방법들을 열거하고 특징을 요약하는 것으로 그치고자 한다.

X선 분석은 어려운 방법으로 단백질과 핵산의 단일결정을 얻어야 한다는 제한을 받고 있다. 그러나 이 방법은 분자 구조에 대한 매우 상세하고 가치 있는 정보를 제공한다. 오늘날에는 생물 중합체와 그것으로 형성된(근육 같은) 시스템의 빠른 구조적 변화를 연구할 수 있는 소위 싱크로트론 방사선을 응용하여 연구를 수행하고 있다.

전자 현미경으로 단백질과 핵산의 단백질 분자뿐만 아니라 생물 중합체에 쪽지로서 끼여들어 가는 중금속 원자의 사진까지도 얻을 수 있다.

전자와 진동 분광학은 생물 중합체의 자외선 그리고 적외선 흡수 스펙트럼, 또한 광선의 레이저원과 함께 얻어지는 Raman 스펙트럼을 연구하는 방법이다.

생물 중합체(단백질) 스스로, 또는 형광 물질을 삽입한 생물 중합체의 발광 스펙트럼 또한 전자 스펙트럼에 속한다.

자연적 광학활성과 순환적 이색성의 관찰도 널리 사용된다. 이러한 현상은 생물 분자의 대칭성에 의해 결정된다.

자기적 편광분석법(magnetic spectropolarimetry), 즉 자기적 광학활성(Faraday 효과)과 자기적 순환 이색성의 연구는 헴을 포함하는 단백질(헤모글로빈, 미오글로빈, 시토크롬 등)의 연구에 특히 효과적인 방법이다.

핵자기 공명 분광학은 생물 중합체와 그들의 상호 작용에 대한 가치 있는 정보를 제공한다.

전자자기 공명 분광학은 주로 스핀 준위, 즉 안정한 자유 라디칼(free radical)을 가진 중합체를 다룬다.

감마선 공명 분광학(Mössbauer 효과)은 특히 철을 포함하는 단백질에 적당하다.

모든 것이 위에 수록된 것은 아니다. 그러나 물리적 방법이 생물 중합체의 정적 구조뿐만 아니라 원자 배열 변형의 역학 연구를 할 수 있게 한다는 것은 분자생물물리학과 분자생물학에 매우 중요하다. 이 방법들은 다른 책에 상세히 쓰여져 있다.〔10〕

제 7 장

단백질의 생합성과 유전암호

6장에서 언급했듯이 DNA는 단백질 생합성의 프로그램을 가지고 있다. DNA와 단백질은 둘 다 정보를 갖고 있는 고분자이지만 그들의 문장은 다른 언어로 쓰여져 있다. 즉, DNA는 4개의 문자, 단백질은 20개의 문자로 되어 있다. 그러나 DNA의 프로그램 역할은 두 문장 사이에 상호 관계를 맺고 있어 DNA의 문장은 단백질 언어로 번역될 수 있다. 그렇다면 얼마나 많은 DNA 언어의 문자, 다시 말해서 얼마나 많은 뉴클레오티드가 단백질 언어의 한 문자, 즉 하나의 아미노산 잔기와 상응할까?

하나의 뉴클레오티드가 하나의 아미노산에 상응하기는 부족하다. 왜냐하면 4개의 서로 다른 뉴클레오티드가 있을 뿐이고, 아미노산은 20개나 되기 때문이다. 2개의 뉴클레오티드가 하나의 아미노산을 규정한다고 해도 또한 부족하다. 즉, 그것에 의한 4의 조합은 $4^2=16$인데 이는 20개의 아미노산을 암호로 하는 데는 아직 부족하다. 그러나 만약에 3개의 뉴클레오티드가 하나의 아미노산을 규정한다면 우리는 훨씬 더 충분한 수인 $4^3=64$를 얻는다. 이로부터 우리는 뉴클레오티드와 아미노산 문장을 관련짓는 유전암호에 대한 문제에 이른다. 이 문제는 1953년에 이중나선이 발견된 후 바로 Gamow와 몇몇 다른 물리학자들에 의해 공식화되었다.

많은 과학자들이 고대 비문이나 비밀 암호를 해독하기 위하여 사용하였던 것과 유사한 방법으로 유전암호의 문제를 이론적으로 해결하고자 노력하였다(Edgar Allan Poe의 '황금 벌레'와 Conan Doyle의 '춤추는 마네킹'을 상기하라). 고대 이집트의 상형 문자를 해독한 Champollion(그보다 먼저 해독한 사람은 빛의 간섭을 발견한 물리학자 Young이다)은 상형 문자, 단순화된 민용 문자, 그리고 고대 그리스 문자로 쓰여진 똑같은 비문의 로제타석을 그의 손에 가지고 있었다. 그뿐만 아니라 고대 이집트어와 가까운 곱트어도 알고 있었다. 그러나 DNA에 이 방법을 응용할 수는 없었다. 왜냐하면 인류 언어와는 대조적으로 생물 고분자에는 문자간의 상호 관계가 없기 때문에 Sherlock

Holmes의 기초적 방법마저도 사용될 수 없다. 즉, 단백질 사슬에서는 어떤 아미노산도 주어진 아미노산을 따를 수 있고, DNA에서 뉴클레오티드도 마찬가지이다. DNA 언어와 비슷한 로제타석이나 그 외에 유사한 언어가 없었기 때문에 Champollion의 방법을 사용하는 것도 불가능했다. DNA와 RNA 표본의 1차 구조가 밝혀졌고, 그 문장은 암호가 해독된 후에야 읽혀졌다.

유전암호의 문제에 물리학이 기여하는 바는 문제 해결이 아니라 그것의 공식화에 있으며, 그 해결은 오히려 물리적이 아닌 생물학적이고 과학적인 방법으로 이루어졌다.

첫째 단백질 생합성의 분자적 기작을 이해해야 한다. 이 기작은 간단하지가 않다. 단백질의 생합성은 여러 단계로 계속하여 진행되는데 그 첫단계가 '전사'이다. 이는 DNA의 이중나선 두 가닥 중 하나에서 소위 정보 또는 전령 RNA(mRNA)가 상보적으로 합성된다. RNA는 당부위에서 데옥시리보오스 대신 리보오스, 염기 중에는 티민(T) 대신에 우라실(U)을 가지고 있는 것이 DNA와 다르다.

전사(또는 DNA 복제)는 특수한 효소인 중합효소(polymerase)에 의하여 일어나는데 이 중합효소는 활성 부위에 Zn^{2+} 이온을 포함하고 있다. 전사는 DNA 가닥의 변화와 함께 진행됨이 밝혀졌다.

전령 RNA에도 DNA와 똑같은 유전적 문장이 쓰여진다. 그러나 그 문장이 RNA에서는 염색체가 아닌 세포질에 있다. 전령 RNA는 리보솜이라 불리는 세포내에 촘촘하게 배열되어 있는 입자와 결합하게 된다. 리보솜은 단백질과 리보솜 RNA(rRNA)로 구성되며, rRNA 또한 DNA 가닥에서 합성된다. 리보솜은 mRNA와 함께 목걸이와 비슷한 구조인 폴리솜(polysome)을 형성한다. 전령 RNA가 줄이 되고 리보솜은 구슬이 된다. 폴리솜 구조의 도식이 그림 7-1에 나타나 있다.

간단한 물리 화학적 이론은 아미노산이 스스로 폴리펩티드 가닥에 연결될 수 없다는 것을 보여 주고 있다. 그러한 연결은 물을 방출하는 과정인 중축합 반응이다. 하지만 단백질 합성은 액체 매질에서 일어나고 물이 많으면 그 반응은 펩티드결합이 이루어지는 방향이 아닌 반대방향, 즉 그 결합의 가수분해 쪽으로 진행된다.

$$-CO-NH- + H_2O \rightarrow -COOH + H_2N-$$

이것은 중축합 반응 과정에서 자유 에너지가 감소하는 것이 아니라 증가하는 것을 의미한다. 그러나 그런 반응은 불가능하다. 단백질의 생합성을 위하여 자유 에너지의 결핍이 보상되어야 한다. 아미노산은

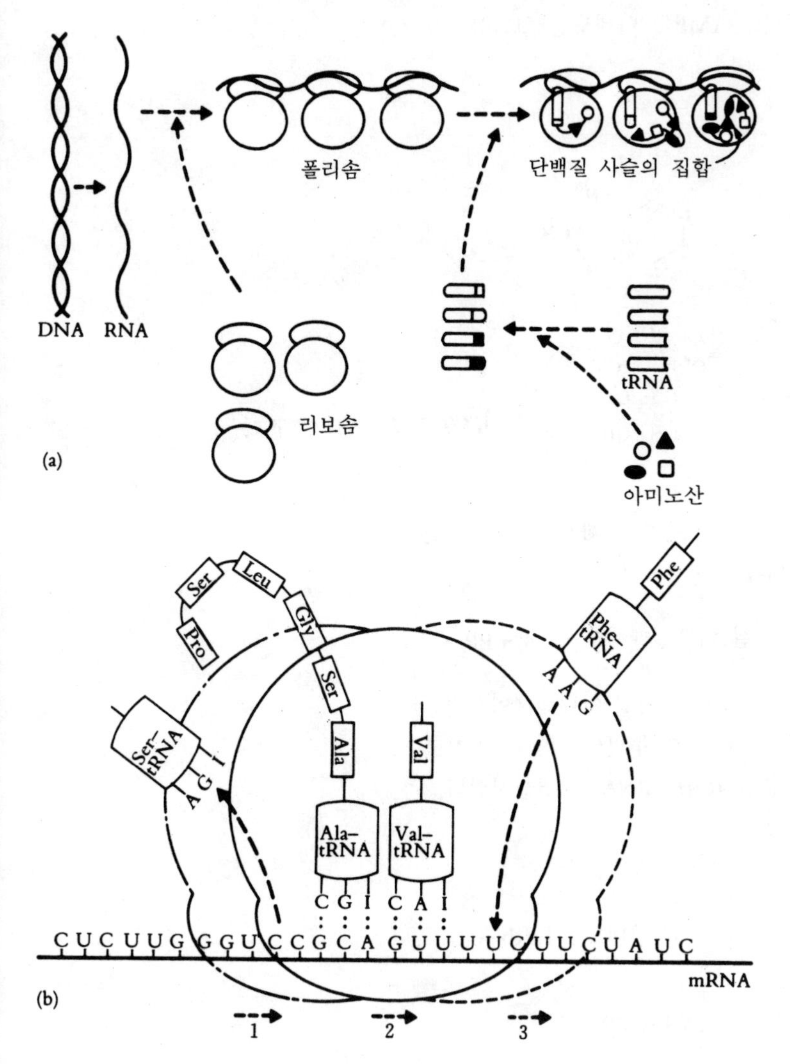

〔그림 7—1〕 **단백질 합성.**
(a) 유전 정보에 따라 폴리펩티드가 만들어지는 기작, (b) 리보솜의 작업.

ATP(adenosine triphosphate)의 가수 분해를 통하여 여분의 자유 에너지를 얻는다.

ATP는 여러 반응 경로에서 사용되는 에너지의 일반적인 생물학적 축적체인데 그 구조식이 그림 7—2에 있다. ATP는 3개의 인산기를 가지고 있는데 ATP에서 제 1, 제 2 인산기가 분리될 때 42 kJ/mol정도의 자유 에너지가 방출된다.

$$ATP + H_2O \rightarrow ADP + P_i$$
$$ADP + H_2O \rightarrow AMP + P_i$$

여기서 ADP는 아데노신 이인산, AMP는 아데노신 일인산, 그리고 Pi는 인산염을 나타낸다.

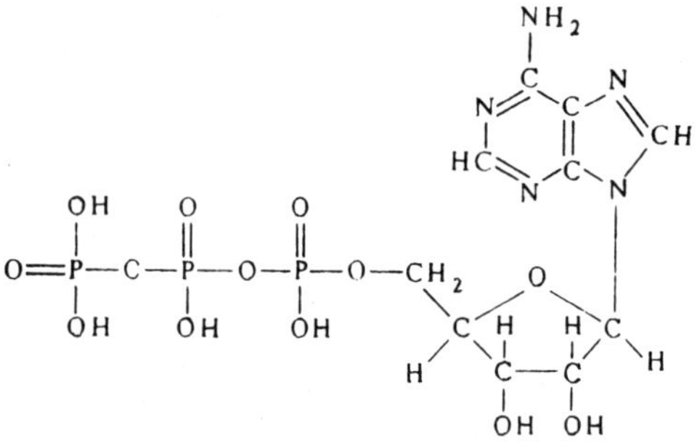

〔그림 7—2〕 ATP의 구조.

세포에서 아미노산은 특수한 효소의 도움으로 활성화되어 아미노아실 아데닐레이트(aminoacyl adenylate)가 형성된다.

아미노산+ATP+효소→아미노아실 아데닐레이트+효소+PPi

여기서 PPi는 피로포스페이트이다. 아미노아실 아데닐레이트의 구조가 그림 7—3에 있다. 앞의 효소는 또 다른 두번째 기능을 가지고 있다. 아미노아실 아데닐레이트와 운반 RNA(tRNA)를 결합시킨다. 즉, 다음과 같은 반응이 일어난다.

$$H_3N^+-CHR-CO-O-\overset{\displaystyle O}{\overset{\|}{\underset{\displaystyle O^-}{\underset{|}{P}}}}-O-\text{아데노신}+tRNA$$

$$\rightarrow H_3N^+-CHR-CO-tRNA+AMP$$

운반 RNA는 단백질 합성에 관여하는 세번째 종류의 RNA 분자이다. 하나 또는 몇 개의 운반 RNA가 모든 아미노산과 상응하여 적당한 아미노아실 아데닐레이트와 결합한다. 운반 RNA는 비교적 작은 분자이다. 그들은 대략 80개의 뉴클레오티드를 갖고 있으며 분자량은 25,000 정도이다.

이 tRNA 분자는 상세하게 연구되어 왔다. 그림 7—4에서 보는 것과 같이 그것은 클로버잎의 형태를 하고 있으며, 뉴클레오티드 부분은 그림 7—4에서 직선 부위이고 수소결합에 의해 U는 A와, G는 C와 연결되는 이중나선구조를 형성한다.

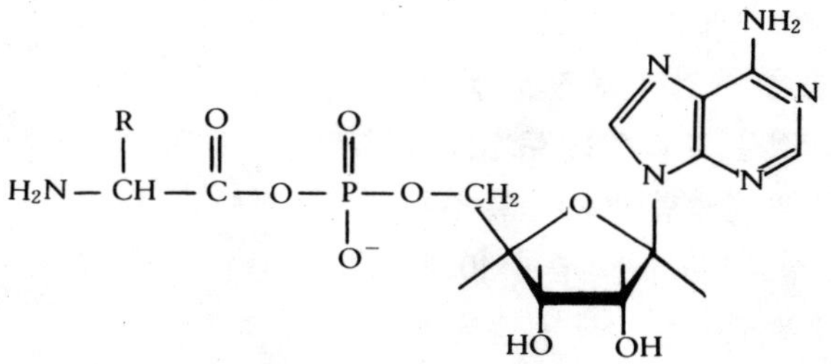

〔그림 7—3〕 아미노아실 아데닐레이트 구조.

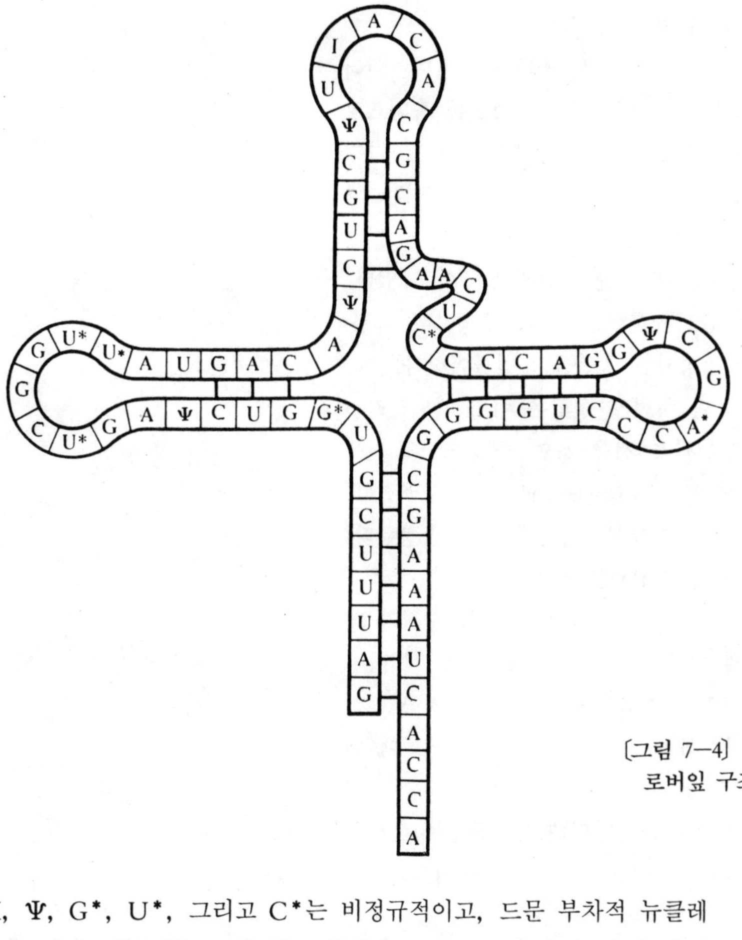

〔그림 7—4〕 발린 운반 RNA의 클로버잎 구조.

I, Ψ, G*, U*, 그리고 C*는 비정규적이고, 드문 부차적 뉴클레오티드이다. 최근에는 X선 구조 분석의 도움으로 운반 RNA의 입체 구조가 밝혀졌다(A. Rich).

하나의 아미노산이 운반 RNA 분자의 끝에 결합한다. 그러면 아미노산을 운반하는 tRNA 분자는 차례차례 mRNA와 수소결합으로 연결되며, 리보솜의 안에 위치하는 mRNA의 부위에서 세 개의 뉴클레오티드와 결합한다. mRNA의 세 개의 순서적 뉴클레오티드, 즉 코돈(codon)이 위쪽 클로버 잎에 있는 tRNA의 세 개의 뉴클레오티드, 즉 반대 코돈(anticodon)과 결합한다. 리보솜은 유전적 문장을 읽는 mRNA 가닥을 따라 움직이며 동시에 아미노산을 갖고 있는 두 RNA가 하나의 리보솜에 위치하게 된다. 아미노산의 중축합 반응이 일어나고 모든 리보솜에서 자신의 단백질 사슬이 성장한다. 폴리솜이 10개의 리보솜을 가지고 있다면 그 곳에서 10개의 단백질 가닥이 순서적으로 합성된다. 이로써 핵산 문장이 단백질 문장으로 번역된 것이다. 그림 7-1은 단백질 합성의 모델을 보여 주고 있다.

판독기작의 발견은 분자생물학의 위대한 업적 중의 하나이다. 이러한 기작의 기초에 유전암호가 있으며 그것의 신비는 세포를 속임으로써 알려지게 되었다. Nirenberg는 리보솜, 모든 형태의 tRNA, 그리고 필요한 효소를 포함하는 무세포체계(cell free system)를 얻었다. 다음에 mRNA 대신 합성된 폴리뉴클레오티드를 그 체계에 집어 넣었다. 그리고 방사성 동위원소를 갖는 아미노산을 차례로 집어 넣었다. 표지(label)된 아미노산이 주어진 폴리뉴클레오티드를 주형으로 특정 아미노산의 불용성 폴리펩티드가 형성되어 침전물이 만들어졌다.

폴리유리딜산(poly U)을 가지고 한 첫번째 실험은 이미 페닐알라닌만이 poly U의 작용 아래 중축합된다는 것을 보여 주었다. 그 전에 돌연변이의 연구로부터 암호는 세부호 암호(triplet code)임이 알려졌다. 즉, 특정 아미노산은 세 개의 인접한 뉴클레오티드에 의해 결정된다. 따라서 세부호 암호 또는 코돈 UUU는 Phe을 규정한다.

나중에 다양한 뉴클레오티드를 갖는 혼성 중합체와 배열 순서가 알려진 짧은 가닥의 뉴클레오티드의 암호화 작용이 연구되었다. Nirenberg와 Khorana는 이 연구를 통하여 유전암호를 해독함으로써 노벨상을 받았다. 유전암호의 문제는 공식화된 지 단 12년만인 1965년에 해결되었다.

앞에서 언급했듯이 유전암호는 세 부호로 나타내고 모든 아미노산은 하나 또는 몇 개의 코돈으로 규정된다. 이는 네 개의 뉴클레오티드로 형성되는 코돈의 수가 $4^3=64$이므로 암호가 남기 때문이다. 즉, 하나의 특정 아미노산이 여러 코돈에 의해 암호화된다. 따라서 Arg, Ser, Leu은 각각 여섯 개의 코돈으로 규정된다. 많은 아미노산은 세 개 또는 두 개의 코돈으로 규정된다. Ile은 세 개, Met과 Trp은 하나의 코돈으로 암호화된다. 세 개의 코돈, 즉 UAA, UAG, 그리고 UGA는 어떤 아미노산도 규정하지 못하고 다만 늘어나는 단백질 사슬의 종료

〔표 7−1〕 유전정보의 암호

x \ y	A	C	G	U	z
A	**Lys 3.5**	Thr 2.6	Arg 1.9	**Ile 3.4**	A
	Asn 3.9	Thr 2.1	Ser 2.0	**Ile 4.1**	C
	Lys 2.9	Thr 1.7	Arg 2.0	**Met 3.1**	G
	Asn 3.9	Thr 2.1	Ser 2.0	**Ile 4.1**	U
C	**Gln 4.2**	Pro 3.8	Arg 1.8	**Leu 1.8**	A
	His 3.2	Pro 3.3	Arg 1.9	**Leu 1.5**	C
	Gln 4.2	Pro 3.8	Arg 2.5	**Leu 2.1**	G
	His 3.2	Pro 3.3	Arg 1.9	**Leu 1.5**	U
G	Gln 1.4	Ala 1.6	Gly 1.7	**Val 2.2**	A
	Asp 1.6	Ala 1.6	Gly 1.4	**Val 2.3**	C
	Glu 1.4	Ala 1.6	Gly 2.5	**Val 1.9**	G
	Asp 1.6	Ala 1.6	Gly 1.4	**Val 2.3**	U
U	Term	Ser 3.6	Term	**Leu 3.0**	A
	Tyr 4.0	Ser 3.2	Cys 3.2	**Phe 2.8**	C
	Term	Ser 3.9	**Trp 6.6**	**Leu 2.3**	G
	Tyr 4.0	Ser 3.2	Cys 3.2	**Phe 2.3**	U

를 결정할 뿐이다.

표 7−1에서는 mRNA−단백질의 유전암호와의 관계가 표시되었는데, 모든 코돈은 *xyz*로 나타내었다. 표 7−1을 생각하기 전에 효소 촉매 작용과 단백질 생합성의 연구에서 밝혀진 생물학적 기능을 갖는 분자의 중요한 특징에 대하여 논의하도록 하자.

이러한 과정과 다른 생물학적 현상의 특징은 분자의 인식이다. 이미 언급했듯이 인공 로봇과 달리 세포와 생물은 분자적 부호화의 토대에서 기능한다. 따라서 상응하는 수용 체계와 분자적 신호의 변형자는 이러한 신호를 인식하고 그 분자를 구별하여야 한다. 그렇다면 분자적 인식은 무엇을 의미하는가? 간단한 반응

$$NH_3 + HCl \rightarrow NH_4Cl$$

에서 암모니아 분자는 염화수소 분자를 인식하고 NH_4Cl의 형성은 이런 인식의 결과라고 얘기할지도 모른다. 하지만 통상의 화학 반응에는 인식하고 인식되는 두 체계가 존재하지 않는다. 반면에 분자의 인식이란 위의 두 체계 또는 인식하는 체계가 유지되는 약하고 비화학적인 상호 작용이다. 인식은 효소의 활성부위에서 일어나는데, 이 부위를 형성하는 다른 아미노산 잔기가 기질과 작용한다. 단백질 구형은 분자

내의 인식에 의해 형성된다.

우리는 핵산의 구조와 성질에서도 이와 똑같은 현상을 볼 수 있다. Watson−Crick쌍, A−T와 G−C는 분자의 인식의 결과로 일어나고 DNA의 한 가닥은 다른 상보되는 가닥을 인식한다. 분자의 인식을 기초로 한 DNA 복제의 모식도를 그림 6−9에서 볼 수 있다. DNA 문장이 mRNA 문장으로 전사되는 과정에서 mRNA의 가닥이 DNA 주형 가닥 위에 상보적 쌍 A−U, T−A, G−C, 그리고 C−G의 인식에 의해 합성된다. 결국 아미노산을 운반하는 tRNA는 상보적인 세부호의 작용으로 리보솜에 있는 mRNA에 결합한다(tRNA의 반대 코돈과 mRNA의 코돈).

대체로 생물에서는 호르몬이 분자 신호로서 작용한다. 냄새와 맛의 수용은 상응하는 분자의 인식을 근거로 한 분자적 수용이다. 이 분야에 대해서는 더 많은 물리, 화학적 연구가 필요하다.

중요한 생물학적 반응 과정(특히 단백질 합성, 즉 유전과 변이)을 결정하는 두번째 특징은 주형의 합성이다. DNA 복제, 그리고 mRNA와 다른 RNA로 전사되는 동안에 DNA 사슬은 뉴클레오티드 인식과 그에 따르는 중축합의 결과로, 새로운 사슬이 형성되는 주형으로 작용한다. 새로운 가닥의 형성은 고리를 따라 차례로 진행되며 유전정보는 DNA 언어에서 RNA 언어로 전사된다. mRNA 문장이 단백질 문장으로 번역되는 것도 주형 합성에 기초를 두고 있다.

화학과 물리학은 다만 생명계의 연구에서 주형 합성에 직면한다. 주형 합성은 핵산의 구조와 성질, 궁극적으로 분자적 인식에 의해 결정된다.

핵산 DNA와 mRNA는 입법적 역할을 하고 단백질은 행정적 역할을 하는 것이 명백하다. 유전정보의 이동은 항상 핵산으로부터 단백질 방향으로 일어나고 그 반대 방향으로는 일어나지 않는다.

DNA → mRNA → 단백질

암을 유발하는 비루스에서는 소위 역전사가 일어난다. 초기의 문장은 DNA 합성을 결정하는 RNA에 쓰여져 있다.

RNA → DNA → mRNA → 단백질

단백질에서 핵산으로의 역과정은 두 형태의 생물 고분자 물질의 근본적으로 다른 구조적 차이 때문에 결코 일어날 수 없다. 단백질은 합성을 위한 주형으로서 작용할 수 없다.

표 7—1에 주어진 유전암호로 되돌아가자. 표를 분석함으로써 코돈—아미노산 사전이 우연이 아님을 알 수 있다.

궁극적으로 단백질의 1차 구조만이 유전적으로 암호화된다. 동시에 진화상의 자연 선택은 단백질의 3차, 4차 구조에 의해 결정되는 단백질의 생물학적 성질에 관계가 된다. 단백질의 1차 구조와 공간 구조 사이에 관련성이 없다면 유전학과 진화생물학 사이의 연결이 없을 것이다. 그러나 그러한 상호관계가 밝혀졌다(6장 참고). 그것은 아미노산 잔기의 특수한 약한 상호 작용, 특히 소수성적 상호 작용 때문에 일어난다.

아미노산의 소수성을 고려해 보자(6장 표 6—1). 굵은 활자로 표시된 첫번째의 10개의 아미노산을 소수성으로 생각하면 표 7—1에서 그들의 위치가 우연이 아님을 알 수 있다. 코돈 *xyz*에서 두번째 *y*가 U이면 그 아미노산은 *x*와 *z*가 무엇이든 소수성이다.

위의 인용된 자료에 따르면 아미노산의 소수성 차이는 평균 5.4 kJ/mol이다. 코돈에서 하나의 뉴클레오티드 치환과 그에 따른 단백질 사슬상 하나의 아미노산 치환이 일어날 돌연변이의 결과를 한번 보기로 하자. 치환이 *x*위치에서 일어나면 암호화된 아미노산의 소수성의 평균 차이는 4.2 kJ/mol, *y*, z에서 일어나면 5.4 및 1.4 kJ/mol의 차이를 야기시킨다. 세 개 모두 치환되는 경우에는 평균 3.7 kJ/mol을 얻는데, 이는 우연한 치환에 따른 5.4 kJ/mol보다 현저하게 작다. 소수성의 큰 변화를 초래하는 돌연변이는 작은 변화를 갖는 것보다 단백질의 공간 구조에 더 위험하다. 유전암호는 가장 위험한 돌연변이로부터 보호를 받는 방법으로 배열된다. 유전암호는 소수성 상호 작용을 통하여, 궁극적으로 물의 특수한 성질에 의해 결정된다.

분자생물학을 자세히 다룬 책이 많으며, 그 중 으뜸이 되는 책은 Watson이 쓴 것이다. [16]

12장에서 유전암호의 문제를 다시 한번 거론할 것이다.

제 8 장

세포생물물리학과 생체에너지론

분자 수준에서의 연구는 생물학적으로 가장 중요한 현상(유전, 변이 및 효소 작용)의 물리화학적인 근본 문제를 파헤친다. 우리는 분자생물학적 법칙을 이해하고, 그 법칙들을 이용해서 더 높은 차원인 세포를 다루기로 하겠다.

두 가지의 가장 일반적인 문제점을 생각해 보자. 첫째로 유전자 작용의 통제이다. 그것은 개체 발생, 세포 분화, 형태 발생, 그리고 암세포 발생을 결정한다. 둘째로 세포내에서의 화학 에너지 저장과 여러 형태의 일로 그것을 변용하는 문제인 생체에너지론이다.

다세포 생물은 유전적으로 프로그램되어 있는데 DNA에 저장된 유전정보가 생물의 발달 양상과 유전적 성질을 결정한다. 분명히 이러한 정보는 초기의 배세포, 즉 수정란에 이미 간직되어 있던 것이며, 이 수정란은 난세포와 정자의 결합체이다. 생물체는 수정란 분열과 이에 따른 세포의 분열과 세포의 분화 결과로서 나타난다. 그리고 세포 분열 때는 유전 물질인 염색체와 DNA가 복제된다. 이것은 모든 분화된 세포가 완전한 원래의 유전자를 갖고 있음을 의미한다.

그러나 주어진 세포에서는 다만 그 세포의 분화된 활동에 필요한 단백질만을 합성하고 있다. 그러나 수정체이든 다른 세포이든 모든 생물체의 세포는 모두 단백질 합성의 프로그램을 갖고 있는 유전자 세트가 있다. 따라서 특정한 세포에서 활동하는 유전자는 다만 그 세포의 기능에 필요한 단백질만 합성할 뿐이며, 다른 유전자는 그 기능이 억제되거나 제거되어 있다. 유전적 프로그램은 조절되어지는 것이다.

이런 추론은 Stewart와 뒤에 Butenko가 관찰한 식물에 대한 실험에 의해 증명되었다. 당근 뿌리의 분화된 조직 조각을 떼내어 야자 열매의 과즙(성장 물질을 함유한 식물의 액체 배유)을 함유한 영양 배지에 넣어 두었다. 당근 조직은 급속히 자라서 20일 만에 중량이 8배나 늘었다. 그러나 조직의 세포는 분열만 한 것이지, 분화를 한 것은 아니었다. 암세포와 같이 보기 싫은 세포 덩어리였다.

이번에는 이 덩어리에서 세포 하나만을 떼어 특수한 배지에 넣었더

니 그것은 완전한 당근으로 자라나 잎과 꽃이 생기고 씨까지도 맺게 되었다.

이런 놀라운 실험에서 우리는 조절 유전자가 특정한 세포의 세포질에 있으며 조절 작용은 세포간의 상호 작용에 의해서 이루어진다는 것을 알 수 있다. 배지의 변화로 수정란에 있는 특정한 세포의 형질 전환이 일어난 것이다.

그러나 딸기는 덩굴에 의해서, 감자는 눈에 의해서, 베고니아는 잎에 의해서 번식된다는 사실을 우리가 기억한다면, 이러한 사실도 크게 놀랄 일은 아니다. 물론 식물의 영양 생식은 일련의 생화학적·생물물리학적인 복잡한 여러 문제를 내포하고 있다.

고등 동물의 경우는 영양 생식이 없다. Gurdon은 개구리의 미수정란에서 핵을 제거한 다음 올챙이 창자 상피 조직의 분화된 세포로부터 얻은 핵을 이식하였다. 그 세포는 분열하여 마침내 거기서 정상적인 개구리가 탄생하였다. 이것은 세포질에 의해서 유전자의 조절 작용이 변화하여 유전자 활성화의 결과를 낳은 것이다.

현재는 조절 유전자가 특정한 단백질임이 밝혀졌다(물론 DNA의 전사로 합성된). 염색체는 DNA와 여러 단백질로 이루어져 있다. 염색체는 복잡한 초분자적 시스템으로서 특정한 단백질을 갖고 있다. 이는 염색체 구조의 유지와 변화에 필요한 히스톤(단백질)과 유전자의 생합성 활동을 활성화, 또는 억제시키는 조절 작용을 담당하는 비히스톤으로 나눌 수 있다. 그 외에 염색체 주위의 세포질에는 조절 기능을 가진 단백질이 있다.

최근의 경향은 분자생물학이 점점 '생물학적'으로 되어 가고 있다는 것이다. 하나의 생물 중합체에 대한 연구에서 이들간의 상호 작용이나 생물 중합체로 이루어진 초분자 구조간의 상호 작용에 의해 결정되는 생물학적 과정에 대한 연구로 자연스럽게 변해가고 있다. 이제는 분자생물학에서 세포의 분화와 전체적인 개체 발생을 분자 수준에서 기본적으로 연구하고 있다. 이 분야에 대한 작업은 이제 막 시작되었다. 여기서 물리학은 어떤 역할을 할 수 있을까?

여기서 우리는 또 다시 인지(認知)의 문제(이번에는 DNA와 히스톤, 그리고 조절 단백질간의 인지)와 만나게 된다. 이제까지는 이들 두 종류의 생물 중합체의 일차적이고 공간적인 구조에 대한 충분한 정보가 없었다. 이것에 대한 연구가 이제 막 시작되고 있다. DNA의 구조는 잘 알려져 있지만 염색체의 분자 구조는 아직 명확히 알려져 있지 않다.

이론적 모델만 써서 해결된 중요한 물리적 문제는 특정한 단백질 합성을 초래하는 분자 조절의 일반적안 특징을 밝히는 것이다. 그것은 개체발생, 세포분화, 형태발생, 그리고 암세포발생 등의 수학적 모델과 연관이 있다.

우리는 여기서 물리적으로는 명백한 문제가 종종 생물학적 지식의 부족으로 인해 공식화되지 못했다는 사실을 강조해야만 하겠다.

이제는 생체에너지론쪽으로 문제를 돌리자. 이 분야의 취급은 세포막에 관한 연구에서 시작해야 한다. 왜냐하면 화학적 에너지의 저장과 특정한 형태의 일은 특정한 막에서만 행해지기 때문이다.

모든 세포는 막으로써 외부 세계와 차단되어 있기 때문에 개별적인 특성을 가지고 있다. 이러한 막은 지질과 단백질로 구성된 복잡하고 조직화된 구조를 갖고 있다.

생체막은 두 겹의 지질층과 지질과 상호 작용을 하는 단백질로 이루어져 있다. 지질은 친수성의 머리부분과 소수성의 탄수화물 꼬리부분을 갖고 있다. 꼬리는 막 안으로 향하고, 머리는 밖으로 향해 있다(그림 8-1). 막의 두께는 10 nm 정도이다.

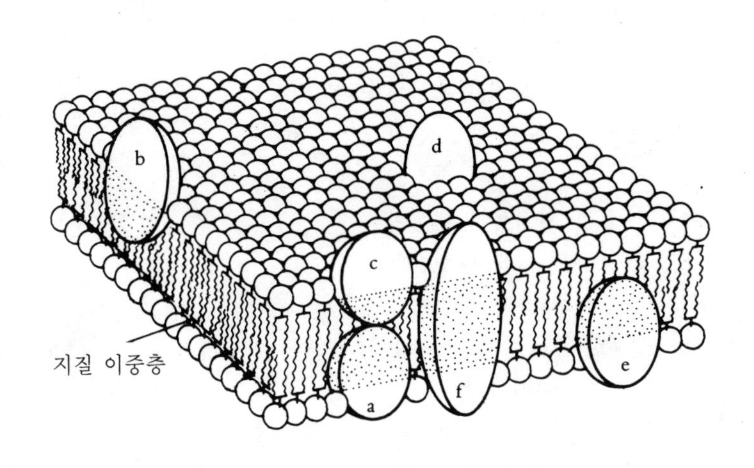

〔그림 8-1〕 생체막의 구조
(a, b, …f는 단백질 분자).

물리적 연구로 막은 액정 상태에 있음이 밝혀졌다. 따라서 생리적 온도에서는 막의 많은 종류의 지질은 녹아서 막의 점도는 식용유의 점도와 비슷하게 된다. 그러므로 단백질은 "지질의 바다에서 수영을 하고 있다"고 말할 수 있다.

막의 능동적 성질은 단백질 및 단백질과 지질 간의 상호 작용에 기인한다. 막이란 가만히 있는 덮개가 아니다. 막은 금속 이온(주로 Na^+, K^+, Mg^{2+}, 그리고 Ca^{2+})과 다른 물질에 대해 투과성을 가진다. 외부 세계와의 세포 물질의 교환은 막을 통해서 이루어진다. 이러한 과정은 능동적 수송 작업으로서, 많은 이온과 분자가 세포에 흡수되거나 밖으로 내버려진다. 이런 능동 수송의 방향은 용액의 농도의 차에 의한 것이 아니다. 오히려 농도차에 의한 수송 방향의 반대 방향으로 이루어진다. 능동 수송은 펌프와 같다. 따라서 펌프를 작동시키기 위해서는 에너지가 필요하다. 세포내에서의 다른 일과 같이 능동수송에서도 ATP의 분해에서 생기는 에너지를 이용한다는 것이 밝혀졌다(7장). ATP가 분해되려면 막에 있는 단백질인 효소의 참여가 필요하다. 능동 수송에서 이렇게 생긴 에너지가 사용된다는 것은 밝혀졌으나, 그 과정의 완전한 분자적 기작이 설명된 것은 아니다. 알칼리금속과 알칼리 토금속이온은 막의 특수한 채널을 통해 이용된다.

능동 수송으로 인해 K^+이온의 농도는 세포내에서 훨씬 높게, 반면 Na^+이온의 농도는 훨씬 낮게 유지될 수 있다. 개구리 근육과 오징어의 축삭(신경 세포의 긴 돌기 부분)에 관한 데이터를 생각해 보자(표 8−1). 이온의 농도차로 세포막에는 전위차가 생김을 알 수 있다. 이온은 전하를 띠고 있으므로 막의 내부와 외부에는 전하의 차가 생기게 된다. 내면은 음전기로, 외면은 양전기로 충전된다. 그러므로 ATP 에너지에 의한 전기적 일이 필요한 것이다.

〔표 8−1〕 이온 농도(mmol/L)

	Na^+	K^+	Cl^-
		개구리 근육	
내부	9.2	140	3−4
외부	120	2.5	120
		오징어축삭	
내부	50	400	40−100
외부	460	10	540

생물 전위는 의학에서 매우 중요하다. 심전도 검사와 뇌전도 검사는 생물 전위의 측정에 근본을 두고 있다. 신경 흥분의 전도도 생물 전위차의 변화에 기인한다.

신경 흥분은 전기적인, 더 정확히 말하자면 전기 화학적인 현상이다. 신경 흥분은 축삭을 따라 포유류인 경우 20 m/s의 속도로 전달된다. 신경이 제2종 전도체(하나의 전해질), 즉 전해질을 가진 파이프와 같은 전도체라고 생각할지 모르나 그것은 그렇지가 않다. 축삭내 액체의 저항은 같은 단면적의 구리선의 저항보다 약 10^8배나 높다. 또한 축삭막은 별로 좋은 절연체도 아니다. 축삭에서 누출되는 전류는 양질의 전선 표면에서 누출되는 전류의 10^6배나 더 많을 수 있다. 그럼에도 불구하고 큰 동물에서의 신경 흥분은 감쇠나 변조없이 수미터씩 전도된다. 이것은 전기 생리학적 실험에서 직접 볼 수 있다.

신경 흥분은 전위차에 의해 전기적으로 발생되어서 축삭막에서부터 전도가 시작된다. 들뜸전위가 어떤 문턱값(오징어의 축삭의 경우 막의 전위가 −80 mV에서 +50 mV로 변화)보다 높게 되면, 그 세포가 들뜨게 되고 그래서 칼륨과 나트륨 채널의 투과율이 변하게 되면 축삭이 자체내에서 흥분을 발생시켜 최초의 외부 흥분을 더 증가시키게 된다.

여기서 활동 전위는 +40 mV 정도이다. 이 전위차가 일정한 속도로 축삭을 따라 전도되는 것이다.

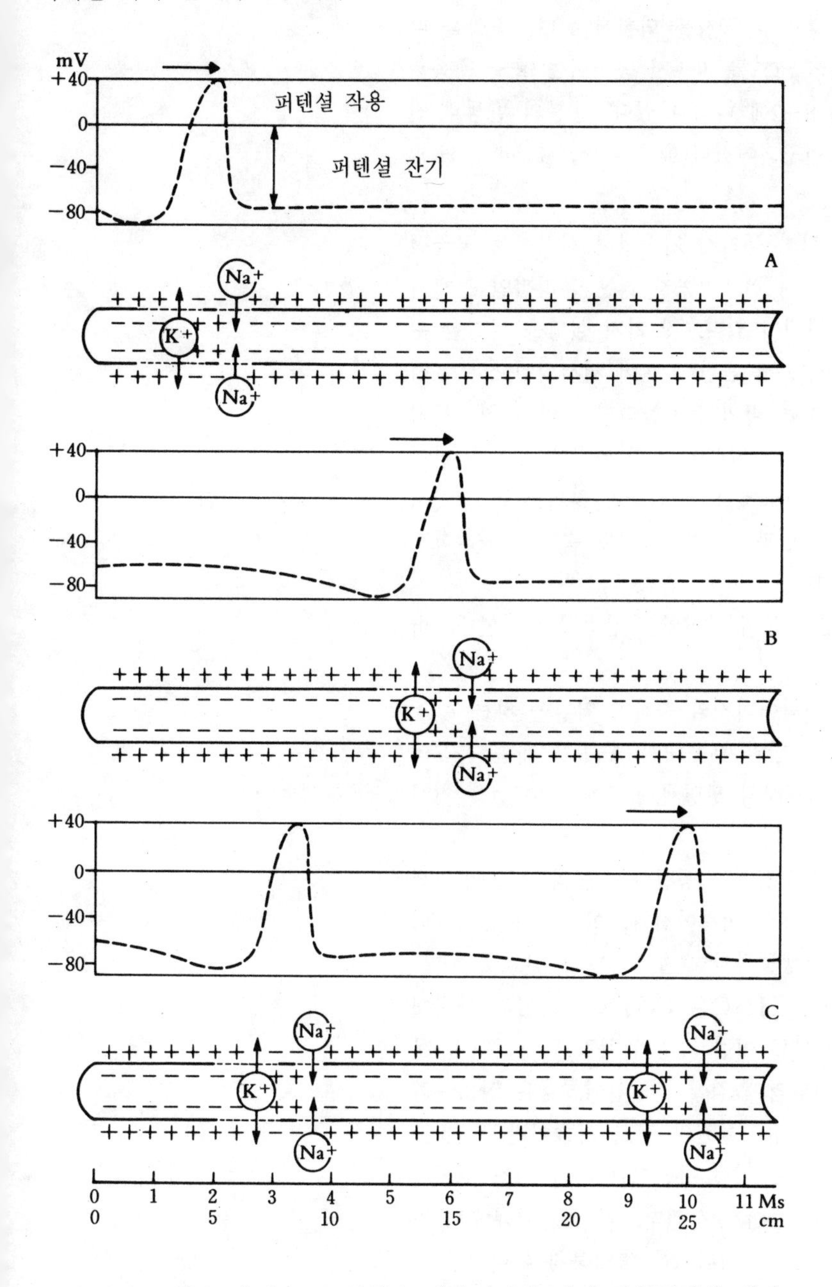

〔그림 8—2〕 신경 흥분의 전도 (A, B, C는 생체막 활동전위).

흥분의 모양은 막의 들뜬 부분을 재충전시킬 때의 탈분극화와 연관이 있다. K^+이온은 세포를 빠져나가고, Na^+이온이 들어온다. 결과적으로 막의 내면은 양전기로 충전되고, 외면은 음전기로 충전된다.

이 흥분된 축삭의 옆부분을 들뜨게 하여 막의 투과율을 변화시킨다. 그리고 천분의 몇 초 후에 움직이는 흥분 바로 뒤에는 K^+와 Na^+의 이동 방향이 변화하여서 막은 처음의 극성을 되찾게 된다. 축삭을 따르는 흥분의 움직임은 Bikford의 코드를 따라서 움직이는 불꽃 운동과 유사하다. 이러한 과정이 그림 8-2에 나타나 있다. 흥분의 발생과 전도기작은 많은 과학자에 의해 연구되어졌다(예를 들면, Hodgkin, Huxley 및 Tasaki〔17~19〕).

막의 이온 투과율의 변화에 관한 분자적 기작에서 시작하여 궁극적으로 복잡한 신경망에 관한 이론에 이르기까지 많은 물리적인 문제가 신경 흥분의 발생과 전도에 연관되어 있다. 몇 가지 실험을 설명할 수 있는 알칼리족 양이온의 능동 수송에 관한 모델이 제시되었으나 우리는 막의 액정 구조까지를 고려하는 막의 분자물리학을 아직 성공시키지 못하고 있다. 더구나 신경 흥분의 발생에 관한 연구에는 많은 일이 남아 있다. 반면에 신경 흥분의 전도에 관한 연구는 많이 되어 있어서 축삭막의 전기적 특성만 알면 실험과 일치하는 전도 속도를 물리학적 이론으로 계산해 낼 수 있다.〔19〕

막물리학과 이와 연관된 신경 흥분의 물리학은 광범위하고 현대과학에서 중요한 분야이다.

이제는 살아 있는 세포에서 화학에너지의 축적자 역할을 하는 ATP의 환원에 대하여 생각해 보자. 만약 세포내의 ATP가 계속 본래의 모습으로 환원되지 않는다면, 지구상의 생명체는 존재할 수 없을 것이다.

ATP 분해의 역반응인 ADP의 인산화는 동물과 식물의 호흡과 녹색식물의 광합성의 중요한 두 과정에서 이루어진다. 이들 작용은 둘 다 세포소기관의 막에서 진행된다. 생물체의 호흡은 O_2를 필요로 한다. 미토콘드리아 막에서는 유기물질이 H_2O와 CO_2로 산화됨과 동시에 ADP의 인산화로 ATP가 생성된다. 이런 과정의 복잡한 생화학적 문제는 거의 완전히 풀렸다. 물리학의 관점에서와 같이, 많은 산화-환원 효소(시토크롬c 등)가 필요한 유기물질의 전환 사슬이란 곧 호흡연쇄로 알려진 전자 전달 사슬이다. 이런 사슬의 마지막 연결 고리에서는 전자가 산소를 환원시키고, 물이 형성된다. 이 호흡연쇄에서 전기 화학적 전위가 떨어지므로 ATP는 에너지를 축적하게 된다.

이런 복잡한 과정은 Villee와 Dethier〔20〕의 훌륭한 생물학 저서에 잘 묘사되어 있다. 세포와 더 복잡한 체계에 관한 생물물리학은 전공분야의 논문에서 다루고 있다.〔14, 19〕

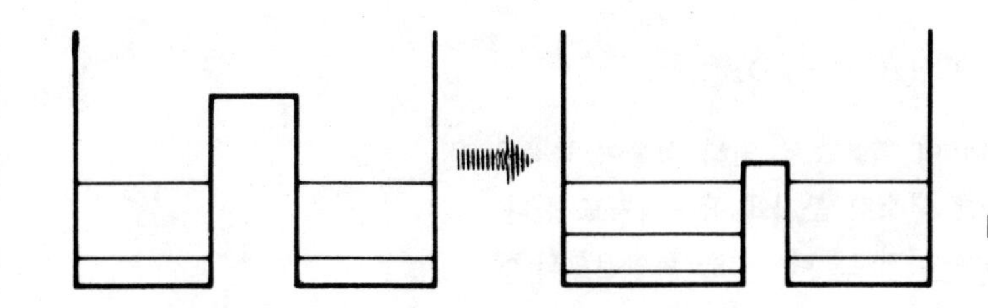

〔그림 8—3〕 ECI에 따른 장벽의 변화.

인산화 반응과 호흡을 처음으로 연관시킨 Engelhardt의 논문(1931)에서부터 현대의 호흡 연쇄의 물리학적 연구에 이르기까지 미토콘드리아 막에서 진행되는 과정이 생물물리학과 생체에너지론의 주된 문제가 되고 있다. 과학은 아직 이러한 과정을 완전히 이해하지는 못한다. 문제의 복잡성은 체계의 비평형성에서 기인하는데, 이런 역학적인 특징은 인산화 반응과 광합성의 분자론적 해석을 어렵게 만들고 있다. 이러한 체계에서는 전자가 양자역학적인 터널형(전자파동의 퍼텐셜 장벽 통과)에 의해 움직이고 있다는 생각에는 근거가 있다. 퍼텐셜 장벽의 높이와 폭은 그림 8—3에서와 같이 전자와 배열의 상호 작용에 의한 결과로 더 줄어들게 된다. 전자 운동은 이러한 형태적 변화에 의해 증가된다(6장을 보라).

호흡을 가능케 하는 것은 무엇인가? 살아 있는 생명체의 에너지 균형은 무엇에 의해 결정되는가? 이러한 문제들은 다음 장에서 일반적으로 다루겠다. 여기서는 단지 생명체의 존재는 영양섭취에 달려 있다는 사실만을 말하고자 한다. 결국 동물의 영양섭취의 최초의 근원은 식물이며, 식물은 태양이 방출한 에너지를 축적한다.

광합성은 호흡연쇄보다 훨씬 복잡한 과정으로 이루어져 있다. 광합성은 녹색 식물의 잎에 있는 세포소기관인 엽록체의 막에서 이루어진다. 광합성의 전체적인 과정은 물과 같은 공여체로부터 이산화탄소와 같은 수용체의 전자전이로 구성된다.

$$DH_2 + A \xrightarrow{\text{빛}} D + AH_2$$

여기서 DH_2는 공여체이고 A는 전자 또는 수소 원자의 수용체이다. 이러한 과정은 이 체계에 필요한 에너지를 공급해 주는 빛의 작용하에서 이루어진다. 호흡연쇄와는 반대로, 광합성에서 공여체에서 수용체로의 전자 이동은 산화—환원 퍼텐셜을 거슬러 올라가는 방향이다. 따라서 이 과정은 에너지를 필요로 하는 것이다. 광합성에서는 6

탄당과 같은 유기물뿐만 아니라 산소도 생성된다.

$$nH_2O + nCO_2 \xrightarrow{\text{빛}} (CH_2O)_n + nO_2$$

빛은 엽록소 분자에서 흡수되는데 이 엽록소로 인해 식물이 녹색을 띠게 되는 것이다. 빛의 일부는 다른 색소체 분자에 흡수되기도 한다. 흡수된 빛의 에너지가 우선 전자의 에너지로, 다음에는 화학결합의 에너지로 변환되는 과정은 여러 종류의 효소가 참여하는 아주 복잡한 일련의 반응이다. 광합성의 결과로 얻어진 에너지는 식물의 유기물에 저장되게 된다. 동시에 물에서부터 생선된 산소는 대기 중으로 방출된다.

광합성 사슬의 전자 전달 과정 중에서 빛에너지의 일부를 사용하여 ADP의 인산화가 이루어진다. 비록 광합성의 모든 문제가 해명되었다고는 할 수 없겠으나, 광합성에 연관된 많은 문제가 과학적으로 풀렸다.

광합성 연구는 농업과 에너지론의 실용적인 면에 있어서 중요하다. 이러한 연구 결과로 태양 에너지를 축적하는 저장기가 만들어지리라는 희망도 있다. 지금까지 태양에너지를 축적하는 가장 효과적인 방법은 광합성이었다. 오늘날 가장 빨리 많은 양의 연료를 생산하는 방법으로서 해바라기나 사탕수수와 같은 식물을 재배하는 것보다 나은 방법은 없다. 물론 이들과 여기서 건조시킨 추출물을 연료로 사용하면 되는데 이 경우 효율은 떨어진다. 광합성에 관한 더 자세한 내용은 참고 문헌 〔14, 19〕에 실려 있다.

빛의 작용에 의해 생기는 생물학적 현상은 광합성만이 아니다. 두번째로 우리가 생각할 수 있는 현상은 시각이다. 로돕신(rhodopsin) 분자에 흡수된 빛의 작용하에서 일어나는 분자적 진행 과정에 대해서 이제 우리는 뚜렷한 윤곽을 그릴 수 있게 되었다. 이런 분자들은 눈의 망막을 이루는 세포의 막에 집중되어 있다. 로돕신은 옵신(opsin) 단백질과 망막의 분자가 여러 공액 π-결합으로 결합된 복합체이다. 광량자의 작용하에서 로돕신은 옵신과 레티날(retinal)로 분리된다. 그리고 나서 레티날은 형태적 전환을 하는데 이때 많은 빛에너지가 필요하다. 왜냐하면 그 결합이 접합되어 있어서 공액결합 주위로의 내부 회전이 무척 힘들기 때문이다. 그러나 아직 어떻게 이러한 광학적인 사건이 신경 흥분을 야기시키고, 또 뇌의 시상(視象)을 만드는지에 대해서는 명백하지가 않다.

여기서 설명된 모든 생체에너지 형성 과정을 결정하는 것은 특정한 막에서 이루어진다. 생체에너지 막의 성질을 표 8−2에 수록해 놓았다 (Witt에 따름).

〔표 8−2〕 **생체 에너지막의 성질**

광합성	$h\nu$	$\Delta\psi$	i	e	ATP(+and−)
호 흡	−	$\Delta\psi$	i	e	ATP(+and−)
시 력	$h\nu$	$\Delta\psi$	i	−	ATP(−)
신 경	−	$\Delta\psi$	i	−	ATP(−)
근 육	−	$\Delta\psi$	i	−	ATP(−)

표 8−2에서 $h\nu$는 빛의 흡수를 뜻한다. $\Delta\psi$는 전위의 변화를 뜻하고 i는 전류, e는 전자의 이동, ATP(+)는 인산화와 ATP의 합성을 뜻하며, ATP(−)는 ATP의 가수분해와 에너지의 사용을 뜻한다.

우리는 이미 ATP의 합성인 '축적자의 에너지 충전'에 대해서 고려한 바 있다. 앞에서 언급한 바와 같이, ATP는 단백질 합성과 능동 수송에 쓰인다. ATP의 또 하나의 중요한 용도는 역학적인 일로 사용하는 것이다.

생명은 어떠한 수준의 생물체에서든, 역학적인 운동이 없이는 존재할 수 없다. 세포와 세포소기관들은 움직인다. 기관은 생장하고 움직이는 것이다. 이러한 운동은 많은 역학적 일이 수반됨을 의미한다. 육상 선수의 경주와 벼룩이 뛰는 것을 생각해 보자. 이 일은 같은 온도와 압력하에서 행해진다. 따라서 그 근원이 열에너지일 수는 없다. 생명체에서 역학적 일의 근원이 되는 것은 다름 아닌 화학에너지이다.

물론 증기 기관이나 내연 기관의 일도 화학에너지에서 비롯된다. 연소란 연료의 산화로 일어나는 화학 반응이다. 그러나 이러한 경우에 있어서는, 화학에너지는 일단 열에너지로 바뀌고 나서 다음에 열에너지가 역학적 일로 바뀌는 것이다. 이 때 많은 에너지의 손실이 생긴다. 이 경우, 연료의 화학적 성질이나 구조 등은 중요하지가 않다. 중요한 것은 열량이다. 엔진이 작동하기 위해서는 온도의 차가 반드시 필요하다. 즉, 가열기와 냉각기가 있어야만 한다. 생물역학이 이러한 과정과는 공통점이 없음은 명백하다. 생체내에서는 화학에너지가 직접 역학적인 일로 변환되는 것이다. 열적 단계가 필요없다. 어떻게 그러한 역학 화학적 과정이 이루어질 수 있을까?

생물의 역학 화학적 체계의 작동 물질은 수축성이 있는 섬유질의 단백질이다. 처음에는 일이라는 것이 중합체사슬의 정전기적 성질로 인한 단백질의 중첩과 중첩의 풀림의 결과로 생각되었다. 단백질은 고분자 전해질(polyelectrolyte)이다. 단백질은 아미노산 잔기를 갖고 있으며, 이 잔기는 그들의 R기에서 음성 또는 양성으로 하전될 수 있다. 예를 들면 아르기닌(arginine)과 리신(lysine) 잔기는 양전기를, 글루탐산(glutamate)과 아스파르트산(aspartate) 잔기는 음전기를 띤다.

중합체 사슬을 생각해 보자. 같은 전기를 띤 잔기는 반발할 것이므로 사슬은 늘어날 것이다. 만약 이런 하전이 작은 이온에 의해 상쇄되면 상호 반발력은 사라지고, 사슬은 코일 모양으로 꼬일 것이다. 이렇게 될 수 있는 것은 단일 결합 주위를 도는 내부 회전의 결과 고리들이 구조적 운동을 할 수 있기 때문이다.

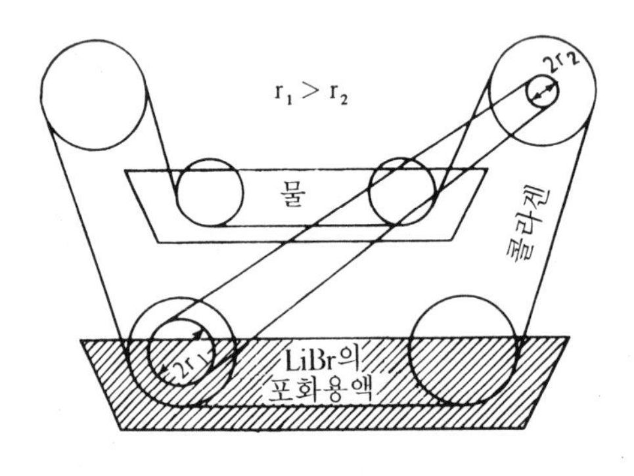

〔그림 8—4〕 역학 화학적 엔진 모형도.

이런 과정은 실험에서 행해졌는데, Kachalsky와 Oplatka가 만든 역학 화학적 엔진에서 고분자 전해질 섬유 콜라겐(collagen)을 염을 용해시킨 용액과 증류수(그림 8—4)에 번갈아가며 계속 잠기게 해 두었다. 섬유는 염이 녹아 있는 용액에서는 수축하고, 증류수에서는 다시 늘어났다. 그래서 엔진은 연속적으로 작동되어 섬유에 의한 이온의 이동으로 인해 두 용기의 농도가 같아질 때까지 엔진은 하중을 들어 올렸다.

비록 이 실험은 아주 멋진 것이었지만, 생체의 수축체계는 이와 다르다. 생체의 역학 화학적 체계에서 가장 많이 연구된 것은 횡문근이다. 근육 수축에 관해서는 세 가지 사실이 알려져 있다. 우선 전자 현미경과 X선 회절을 이용해서 얻은 수축성 근섬유의 구조적 변화에 관한 사실과, 둘째로 근육에서 일어나는 생화학적 과정에 관한 사실, 그리고 마지막으로 근육의 역학적, 열적 성질을 직접 측정해서 얻는 사실 등이다. 전자 현미경으로 살펴보면, 횡문근은 가는 섬유, 즉 근원

섬유로 이루어져 있고, 그 섬유는 복잡하지만 매우 규칙적인 구조로 정렬되어 있다는 것을 알 수 있다. 근원섬유는 액틴(actin)과 미오신(myosin)이라고 알려진 각각 가늘고 굵은 단백질사로 이루어져 있다. 가는 섬유는 트로포미오신(tropomyosin), 트로포닌(troponine) 그리고 액티닌(actinine) 등의 조절 단백질을 가지고 있다. 가늘고 굵은 섬유 사이에는 다리가 있다. 근섬유가 수축되어 있는 동안에는 그 두 띠가 서로 물려 들어가서 근육은 망원경과 같이 줄어든다. 이러한 현상이 그림 8－5에 도식적으로 나타나 있다. 이 '미끄럼 모델'은 Huxley, Hanson, 그리고 다른 사람들에 의하여 제시되었고 확인되었다.

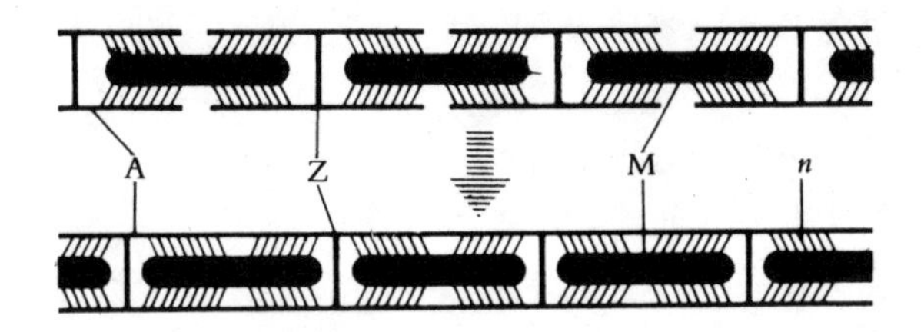

〔그림 8—5〕 근섬유의 수축
Z는 막, A는 액틴의 가느다란 섬유, M은 미오신의 굵은 섬유, *n*은 다리.

근육에서 일어나는 주된 생화학적 과정은 1939년 Engelhardt와 Ljubimova에 의해 발견되었다. 그들은 미오신이 ATP를 분해하는 효소(ATPase)의 역할을 한다는 것을 밝혔다. ATP가 분해될 때 에너지가 나온다. 단백질띠의 상호변위와 미는 힘, 당기는 힘 등은 수축성 단백질의 두 띠와 그 사이의 다리에서 일어나는 구조적 변화에 의해서만 생긴다는 것이 이제는 명백해졌다. 그러나 ATP가 분해되어 구조적 운동에 필요한 에너지를 얻게 되는 화학에너지의 방출 기작에 관한 것은 아직 알려지지 않았다. 여기서 우리는 다시 전자—구조적 상호작용, 즉 ATP의 전기에너지로의 전환으로부터 단백질의 구조적 에너지로의 전환의 문제와 접하게 된다. 역학 화학은 효소의 활동과 직접적으로 연관이 있으며, 효소 없이는 있을 수도 없다.

신경 흥분으로 인해 근육에 전기 화학적 과정이 일어난다는 것은 잘 알려진 사실이다. 이 과정은 우선 단백질띠를 둘러싸고 있는 액체 환경에 Ca^{2+} 이온이 출현함으로써 시작된다. Ca^{2+} 이온은 액토미오신(actomyosin)의 기능에 필요하다. 또한 두껍고 가는 단백질띠 사이의 다리를 결합하기 위해서 필요하다.

근육의 역학적 성질은 Hill에 의해 자세히 연구되었는데, 그는 근육의 수축 속도와 가해진 부하 p의 변형력과의 기본 방정식을 확립했다. Hill의 방정식은 근육 길이의 비교적 작은 변화에 적합하다. 일정한 속도 V로 균일하게 수축하는 경우 방정식은 다음과 같다.

$$(P+a)V=b(P_0-P) \tag{52}$$

여기서 a와 b는 상수이고, P_0는 근육이 늘거나 줄어들지 않고 지탱할 수 있는 최대 부하이다($P=P_0$이면 $V=0$). 개구리의 봉공근(sartorius muscle)인 경우, $a \cong 0.25P_0$, P에 대한 V의 관계는 쌍곡선 관계이다. $P=0$일 때 수축 속도가 최대이다.

$$\begin{aligned} V_{max} &= \frac{b}{a}P_0 \\ &\cong 4b \end{aligned} \tag{53}$$

상수 b는 온도에 영향을 많이 받는다. 생리적 온도 범위에서 근육의 온도가 10℃ 올라가면 b는 두 배로 된다.

실험식 (52)는 상당히 간단한 형태이다. 이것은 어떤 간단한 규칙을 보여 준다고 생각할 수 있다. 실제로, 이 식은 그림 8-5의 미끄럼 모델에 근거를 둔 이론에 의해 얻어질 수 있다. 근육의 당기는 효과는 단백질 사이의 다리의 닫힘과 열림(단속)의 결과이다. 근절(sarcomere; 가는 띠가 붙어 있는 Z막 사이의 섬유 부분)에 있는 다리의 수를 n_0라 하자. 그 근육에 의해 지탱될 수 있는 최대 부하는 그 근육에 의해 발생되는 최대의 변형력으로서 다음과 같다.

$$P_0=n_0f_0 \tag{54}$$

여기서 f_0는 한 다리에 의해서 낼 수 있는 힘이다. 마찬가지로, 가해진 힘은 다음과 같이 쓸 수 있다.

$$P=n_0f \tag{55}$$

여기서 f는 한 다리당 전해지는 외부의 힘이다. 주어진 순간에 P의 부하가 가해졌을 때 모든 n_0 다리가 다 작동하는 것은 아니다. 단지 그 중 n개만이 작동한다. 그러므로 다음이 성립한다.

$$\frac{n}{n_0}=w \leq 1 \tag{56}$$

w는 모든 다리가 작동할 경우인 $P=P_0$일 때 한해서 일이 된다. 다리의 단속은 이 체계에 있어서 마찰력의 존재를 의미하며, 이 마찰력은 수축 속도에 비례한다. 이제 Newton의 제2법칙에 의해 힘의 균형식을 써 보자.

$$mV=P'-P-\gamma V \tag{57}$$

여기서 m은 질량이고, $\dot{V}$는 가속도, P'는 다리에 의해서 발생된 힘이며, γV는 마찰력이다. 변하지 않는 상황에서는 $\dot{V}$는 영이다. P'와 γV는 모두 작동하고 있는 다리의 수 n에 비래한다. 따라서 식 (57)은 다음과 같이 쓸 수 있다.

$$nf_0 - n_0 f - n\beta v = 0 \tag{58}$$

여기서 v는 한 근절의 수축 속도이고 $\beta = \frac{\gamma}{n}$는 한 다리에 의한 마찰계수이다. 따라서, 식 (58)은 다음과 같이 쓸 수 있다.

$$v = \frac{1}{\beta}\left(f_0 - \frac{f}{w}\right) \tag{59}$$

w 값은 힘 f에 의존한다(식 (56)). 우선 간단히 생각해서, w가 f에 선형적으로 의존한다고 보자. 즉,

$$w(f) = A + Bf \tag{60}$$

만약 $f = f_0$이면 $w = 1$이고, $f = 0$, 즉, 수축 속도가 최대일 때에는 $w = \tau < 1$로서 작동하는 다리 수의 비가 최소가 된다. 따라서 A와 B를 구할 수 있는데,

$$1 = A + B f_0$$
$$\tau = A$$

따라서 다음을 얻는다.

$$w = 1 + (1-\tau)\frac{f}{f_0} \tag{61}$$

식 (61)을 식 (59)에 대입하여, 몇 번 계산하면 아래와 같다.

$$v = \frac{f_0}{\beta}\,\frac{\tau}{1-\tau}\,\frac{f_0 - f}{f + \frac{\tau}{1-\tau}f_0} \tag{62}$$

이것은 Hill의 방정식 (52)와 유사하다. a와 b는

$$a = \frac{\tau}{1-\tau}f_0$$
$$b = \frac{\tau}{1-\tau}\,\frac{f_0}{\beta} \tag{63}$$

$a \cong 0.25 f_0$일 때 $\tau \cong 0.2$이다. 또한 $f = 0$일 때,

$$v_{\max} = \frac{f_0}{\beta} \tag{64}$$

이런 계산에서 우리는 Hill의 방정식이 소성 흐름을 묘사한다는 것을 알 수 있다. 소성 흐름이란 마찰이 있는 단백질띠의 움직임을 말한다. 이 방정식은 신축성을 나타내지 않는다. *b*가 온도의 영향을 많이 받는 까닭은 마찰계수가 원래 온도에 크게 영향을 받기 때문이다. 이론적으로 더 분석해 보면, ATP의 분해에 필요한 활성화에너지와 연관이 있는 분자계수로 *b*를 표현할 수 있다.〔19〕

근육이 수축할 때 열이 발생한다는 사실을 이해하는 데는 많은 어려움을 극복해야만 한다. 부하가 크면 클수록 전동기의 전류는 더 많이 흘러야 하듯이, 근육에서도 부하가 큰 것을 들어 올리려면 힘이 더 세져야 하고 동시에 근육에서 발생하는 열도 더 많아진다. 명백한 점 하나는 근육이 하는 일과 발생된 열은 둘 다 바로 한 가지 근원인 ATP의 에너지로부터 나왔다는 것이다.

근육 수축에 관한 많은 책과 논문이 있음에도 불구하고 근육과 같이 작동하는 장치를 인위적으로 만들어 내기는 매우 어렵다. 우리들이 근육에 대하여 상당한 흥미를 갖고 있는 이유는 어떤 동물에 있어서 근육의 효율이 75%에 달하기 때문이다.

근육 수축에 관한 더 자세한 지식은 다른 문헌들〔19, 21〕에서 얻을 수 있다.

이제 우리는 이 장에서 마지막으로 곤충의 비행근육에 대해 조금 언급하기로 하겠다.

곤충의 비행근육은 1초에도 많은 수축을 일으킨다. 독자는 모기의 윙윙거리는 소리를 들었을 것이다. 곤충의 근육 수축 빈도는 신경 흥분이 전도되는 빈도보다 수백 배나 더 많다는 것이 알려졌다. 다시 말하자면, 이 문제는 바로 자동진자(autooscillatory)의 문제인 것이다. 이것은 척추동물의 비정상 상태의 근육 수축 문제만큼이나 생물물리학에서 놀라운 문제이다.

우리는 근육 수축을 고려함으로써, 생물학적(생체에너지론적) 과정에 관한 실험적이고 이론적인 물리학의 역할을 살펴보았다.

제 9 장

생물학에서의 열역학과 정보이론

분자생물물리학의 여러 분야와 세포의 생물물리학에 대하여 우리는 이미 잘 알고 있다. 다만 독자에게 이 분야를 대략적으로 소개하기 위하여 간단하게 설명하였을 뿐이다. 그러면 이번에는 물리학과 생물학에 연관되는 주요 문제에 대해 생각해 보자.

물리학에서는 연구 대상인 현상을 두 가지 방법으로 접근해 간다. 첫번째 방법은 현상론적이다. 현상의 자세한 성격은 고려하지 않고 가장 일반적인 규칙성을 연구하는 것이다. 두번째 방법은 원자-분자적이다. 여기서는 현상의 기본적 근거를 들추어서 특성을 정량적으로 결정하려고 노력한다. 현상론적 이론은 무엇이 존재할 수 있는가를 말할 수 있으며, 원자-분자 이론은 무엇이 존재하는가를 기술한다. 물론 이 두 가지 방법 사이에는 아무런 모순이 없다.

지금까지는 주로 원자-분자적으로 연구하는 방법에 대하여 이야기했다. 지금부터는 일반적인 현상이론, 즉 열역학을 논하고자 한다.

19세기에 두 개의 위대한 진화이론이 나타났다. 하나는 Darwin의 생물학적 진화론이고, 다른 하나는 열역학 제 2 법칙으로 표현되는 고립된 물리 체계의 진화이론이다. 제 2 법칙은 Carnot, Clausius, Boltzmann 및 Gibbs에 의하여 발견되고 또한 이론적 토대가 연구되었다. 궁극적으로 분석해 보면 자연 과학의 모든 분야는 서로 연결되어 있다. 더구나 인간의 문화는 전체가 하나로서 발달해 가고 있다. 19세기에 생물학자뿐만 아니라 물리학자도 진화 문제에 부딪치게 되었다. 열역학 제 2 법칙에 관련되는 문제는 물리 체계의 비가역적 진화 과정을 다루고 있다.

제 2 법칙에 의하면 고립된 물리 체계, 즉 주위 환경과 물질 및 에너지의 교환이 없는 체계는 최대의 무질서(최대의 엔트로피)로 기술되는 평형 상태에 자발적으로, 또한 비가역적으로 접근해 간다. 이 법칙의 한 가지 보기는, 열은 뜨거운 물체에서 찬물로 이동할 뿐 그 반대 현상은 일어나지 않는다는 것이다. 평형 상태에서는 온도가 서로 같아진다. 확산은 또 다른 보기라 할 수 있다. 가령 용기의 내부가 분할막에 의하여 절반으로 나눠져 있고, 한쪽은 기체로 채워지고 다른 쪽은 진공으로 되어 있다고 하자. 분할막을 제거하면 기체는 전체의 용기로 확산하여 각각의 반쪽의 용기에 있는 분자수는 평균적으로 같게 된다. 이의 반대 과정, 즉 용기의 한쪽으로 분자가 몰리는 현상은 일어나지 않는다. 위의 두 가지 보기에서 초기의 체계들은 질서를 가지고 있다. 첫번째 보기에서는 두 물체의 온도가 다르고, 두번째 보기에서는 용기의 한쪽에만 기체가 있다. 그러나 마지막 상태는 무질서의 상태이다. 온도가 같거나 아니면 분자의 수가 같다. 이러한 무질서의 척도가 엔트로피인데 Boltzmann에 의하면 다음 공식으로 주어진다.

$$S=k\ln\Gamma \tag{65}$$

여기에서 $k=1.38\times10^{-23}\mathrm{J\cdot K^{-1}}$인데 이것은 Boltzmann 상수이고, Γ는 주어진 상태에 대한 통계학적 치중도이다. 즉, Γ는 주어진 상태가 될 수 있는 가능한 경우의 수이다. 간단한 보기를 들어 그 의미를 설명하고자 한다.

가령 용기가 반으로 나뉘어 있고 모두 네 개의 분자만을 포함하고 있다고 가정하자. 그림 9−1에는 이 분자의 모든 분포 방법과 분포의 치중도가 나타나 있다. 첫번째 분포와 마지막 분포는 그렇게 될 수 있는 방법이 단 한 가지뿐이므로 확률이 가장 작다. 두번째와 네번째의 분포는 각각 네 가지 방법으로 실현될 수 있기 때문에 확률도 네 배로 크다. 보기로 두번째 분포에서 숫자를 매긴 분자의 배열 방법은 1 : 234, 2 : 134, 3 : 124, 4 : 123이다. 마지막으로 균일한 세번째 분포와 확률이 가장 크다. 12 : 34, 13 : 24, 14 : 23, 34 : 12, 24 : 13, 23 : 14의 여섯 가지 방법으로 실현될 수 있기 때문이다. 즉, 이 분포에 대한 엔트로피가 최대이다.

그렇지만 분자의 수가 작다면 엔트로피가 최대로 되는 분포의 위치가 그렇게 특출하지 않다. 세번째 분포는 그 옆의 분포보다 확률이 50%밖에 더 크지 않다. 따라서 네 개의 분자의 경우에는 최대 엔트로피가 안 될 가능성도 상당히 있다. 반면에 분자의 수가 많아서 가령 1000개라면, 498 : 502 분포는 어떤 확률값을 갖겠지만 333 : 667 분포의 확률은 매우 작을 것이다. 이것은 열역학 제2법칙이 확률적, 통계적 성격을 띠고 있음을 의미한다. 이 법칙은 평균적으로 성립하며 그 체계에 포함되어 있는 입자의 수가 증가할수록 정밀도는 높아진다. 1000개의 분자가 모두 용기의 한쪽에 몰려 있는 것이 불가능하다고 생각할 수는 없지만, 이러한 확률은 거의 영에 가깝다. 그렇지만 평균

1 2 3 4 ●●●●		1
1 2 3 ●●●	4 ●	
1 2 4 ●●●	3 ●	4
1 3 4 ●●●	2 ●	
2 3 4 ●●●	1 ●	
1 2 ●●	3 4 ●●	
1 3 ●●	2 4 ●●	
1 4 ●●	2 3 ●●	6
2 3 ●●	1 4 ●●	
2 4 ●●	1 3 ●●	
3 4 ●●	1 2 ●●	
1 ●	2 3 4 ●●●	
2 ●	1 3 4 ●●●	4
3 ●	1 2 4 ●●●	
4 ●	1 2 3 ●●●	
	1 2 3 4 ●●●●	1

〔그림 9−1〕 똑같은 두 개의 부분으로 양분된 용기 내에서 네 개의 분자 분포.

값에서 약간 벗어나는 요동은 항상 일어난다. 물론 용기 내의 입자수가 감소할 때 요동의 상대적 역할은 더욱 중요해진다.

그러므로 고립된 물리 체계는 최대 엔트로피를 가지는 가장 있음직한 무질서의 상태로 진화한다. 생물학적 진화 과정은 그 반대 방향으로 간다. 가장 간단한 단세포 유기체인 박테리아에서 인간을 포함한 다세포 생명체로 진화한다. 진화는 간단한 것에서 복잡한 것으로 질서가 증가하는 방향으로 일어난다. 물리학적 진화와 생물학적 진화 간에 어떤 모순이 있는지 의문이 된다.

이러한 모순은 전혀 상상에 불과하다. 생명체는 개방된 체계이고 최대 엔트로피의 법칙은 고립된 체계에서만 성립한다. 개방된 체계에서는 그 내부에서 생성되거나, 외부로 방출하거나, 또는 외부에서 유입되는 엔트로피의 양에 따라서 체계의 엔트로피가 증가할 수도, 일정할 수도 또는 감소할 수도 있다. 만일 생명체의 열역학적 균형을 결정하려면 이 유기체와 공급되는 물질, 물 및 공기를 포함한 전체의 고립된 체계를 조사하여야 한다. 이러한 체계의 좋은 보기는 우주인이 탄 우주선이다.

물론 열역학의 제 2 법칙은 생명체가 포함된 고립계에서도 성립한다. 유기체가 배출하는 물질의 엔트로피가 영양분으로 받아들이는 물질의 엔트로피보다 크기 때문에 체계 전체로서는 엔트로피가 증가한다. Schrödinger가 말한 대로 유기체는 음의 엔트로피를 먹으며 살고 있다. [9]

우주인은 개방된 체계이다. 그 엔트로피의 변화는 두 부분의 합으로 되어 있다. 한 가지는 유기체 내부에서 일어나는 반응 때문에 생성되는 엔트로피 d_iS이고, 다른 한 가지는 외부로 방출하거나 내부로 유입하는 엔트로피 d_eS이다.

$$dS = d_iS + d_eS \tag{66}$$

위 식에서 d_iS는 양수이고 고립된 우주인의 상태에서도 마찬가지이다. 그러나 d_eS의 부호는 경우에 따라 다르다. 식 (66)을 보면 개방된 체계에서 비평형이지만 정상 상태로서 전체 엔트로피가 일정한 경우가 있을 수 있다.

$$S = \text{const}$$

$$dS = 0$$

$$d_eS = -d_iS \tag{67}$$

이때 체계 내에서 생성되는 엔트로피는 주위 환경으로 방출되는 양과 균형을 이룬다. 유기체는 정상 상태이지만 비평형 상태로 유지될 수 있다. 이미 성장이 끝난 건강한 젊은이는 질량(체중)의 변화없이 상당히 오랫동안 이러한 상태에 있을 수 있다. 물론 아이가 성장할 때나 노인이 쇠약해질 때의 유기체의 상태는 정상 상태가 아니다.

고립된 체계의 평형 상태와 개방된 체계의 정상상태 간의 차이점은 그림 9-2에 있는 간단한 모델로 설명할 수 있다. 한 용기에서 다른 용기로 액체가 흐르는 것은 화학 반응과 같은 역학적 과정을 나타낸다. 만일 체계가 폐쇄되었다면 외부에서 용기로 액체가 유입되지도 않고, 밖으로 유출되지도 않는다(그림 9-2(a)). 이러한 조건에서 마개를 열어 놓으면 전체의 액체가 아래 용기에 모이게 되고 평형 상태가 이루어진다. 아래 용기의 액체 수준이 반응의 평형 상태를 나타낸다.

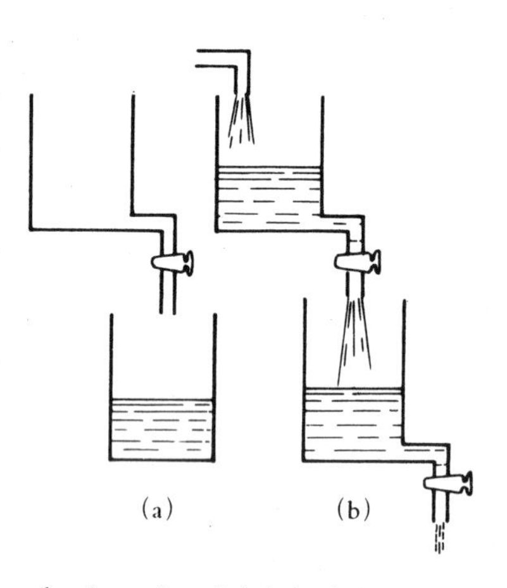

〔그림 9-2〕 **열역학적 체계.**
(a) 폐쇄된 체계, (b) 개방된 체계.

만일 체계가 개방되었다면 위와 아래의 용기에 액체의 비평형 수준이 생길 것이다(그림 9-2(b)). 이 경우에는 마개를 열어 놓은 정도에 따라서 수준이 달라질 것이다. 이 모델에서 마개는 촉매와 같다. 반응에는 참여하지 않지만 그 반응 속도에 영향을 미치기 때문이다. 폐쇄된 체계에서는 반응 과정의 마지막 결과는 반응 속도, 즉 마개를 열어 놓은 정도와 무관하다. 아래 용기의 액체는 일정한 수준을 유지한다. 그러나 개방된 체계에서는 반응 속도뿐만 아니라 반응 과정의 정도가 촉매와 밀접한 관계가 있다.

보통의 열역학은 실제로는 열적 정역학이다. 왜냐하면 평형 상태만을 다루고 반응 과정은 고려하지 않기 때문이다. 또한 열역학적 방정식에는 시간이 포함되어 있지 않다. 그러나 비평형 상태에 있는 개방된 체계의 연구에서는 상태의 시간 변화율, 특히 엔트로피 생성률을 취급하게 된다. 체계의 단위 부피당 엔트로피 생성률은 소산함수라고 불린다.

다음의 식에서

$$\frac{d_iS}{dt} = \int \sigma \, dV \geq 0 \qquad (68)$$

소산함수 σ는 양수이다. 열역학에 의하면 평형 상태 부근에 있는 비평형 상태(이에 대한 기준은 정량적으로 정할 수 있음)에 대하여 σ는 소위 일반적 흐름 J_i와 일반적 힘 X_i의 곱들의 합으로 나타낼 수 있다.

$$\sigma = \sum J_i X_i \geq 0 \qquad (69)$$

그러면 일반적인 힘과 흐름은 무엇인가? 전기 전도의 경우에 흐름은 전류이고, 힘은 전위차이다. 열전도의 경우에는 흐름은 열류이고 일반적인 힘은 온도차에 비례한다. 화학 반응에 대해서도 마찬가지로 기술할 수 있다. 평형 부근에서의 흐름과 힘은 직선적 관계에 있다. 예를 들면 전류는 Ohm 법칙에 따라서 전압에 비례한다. 가령 두 개의 흐름 중에서 하나는 열류 J_1이고 다른 하나는 물질의 확산적 흐름 J_2라 하자. 그러면 두 개의 일반적인 힘은 온도차 X_1과 농도차 X_2이고 다음의 관계가 존재한다.

$$J_1 = L_{11} X_1 + L_{12} X_2$$
$$J_2 = L_{21} X_1 + L_{22} X_2 \qquad (70)$$

두 흐름과 두 힘은 결합되어 있다. Onsager는 평형 상태 부근에서 현상론적 결합계수가 대칭임을 증명하였다.

$$L_{12} = L_{21} \qquad (71)$$

이러한 결합이 의미하는 바는 자유에너지의 증가와 결부되어 불가능하던 단일 흐름도 다른 힘의 작용에 의하여 가능해진다는 것이다. 그러므로 가령 흐름과 힘의 곱 $J_1 X_1$이 음수이면 두번째 항 $J_2 X_2$가 양수로 되어 흐름 J_1이 가능할 수 있다. 다만 요약된 조건인 식 (69)가 성립해야 한다. 즉,

$$J_1 X_1 + J_2 X_2 > 0 \qquad (72)$$

이고, $J_1 X_1 < 0$인 경우에는 다음 조건이 만족되어야 한다.

$$J_2 X_2 > |J_1 X_1| \qquad (73)$$

이러한 관계식은 이미 본 적이 있다. 막을 통한 능동수송이 일어날 때 이온의 확산적 흐름은 효소적 ATP 분해 반응과 결합되어 있다. 또한 단백질의 생합성에서 아미노산의 중축합반응은 ATP의 가수분해와 결합되어 있다.

그러므로 평형 상태 부근에서 성립하는 선형적 비평형 열역학은 개방된 체계의 아주 중요한 양상, 즉 흐름과 비평형 정상 상태의 결합을 설명해 준다.

평형 상태의 부근에 있는 비평형 정상 상태는 엔트로피의 최소 생성률, 즉 소산함수 σ의 최소화로 기술된다. 이것은 Prigogine 정리라고 불린다. 선형 열역학은 여러 책에서 자세히 취급하고 있다.〔10, 14, 19, 22, 23〕

선형 열역학으로 생물학적 체계의 발생을 기술할 수 있을까? 여기서 발생은 질서의 증가, 즉 엔트로피의 감소를 의미한다. 주위 환경으로 방출하는 엔트로피가 체계에서 생기는 엔트로피보다 많으면 개방된 체계는 분명히 발생을 기술할 수 있다. 그러나 평형 상태 부근에서는 발생이 불가능하다. 평형 부근의 정상 상태에서 벗어난 체계는 진동하지 않고 지수법칙에 따라서 원래의 상태로 단조롭게 돌아온다. 평형 부근에서는 어떤 효소도 직접적인 반응과 반대 반응을 모두 촉매할 수 있다.

다음에는 균일하게 무질서한 체계에서 질서를 이루는 과정을 상상해 보자. 체계가 단순한 비평형이 아니라 평형에서 완전히 벗어나더라도 질서는 가능하다. 이때에는 관계식 (69), (70)은 성립되지 않는다. 즉, 흐름을 힘의 1차함수로 나타낼 수 없다. 체계가 난립상태에서 질서상태로 자연적 전이를 하려면 난립되고 무질서한 상태가 불안정할 필요가 있다. 이러한 상황은 다음과 같은 자체 촉매 반응의 개방된 화학체계에서 볼 수 있다.

$$A+X \rightleftarrows 2X$$
$$B+X \rightleftarrows C$$

여기서 X는 어떤 중간생성물이다. 처음의 자체 촉매 반응에서는 X가 물질 A와 반응하여 X의 양이 증가한다. 반응의 결과는 다음과 같다.

$$A+B \rightleftarrows C$$

개방된 체계에 나타나는 질서의 가능성을 결정하는 안정성 또는 불안정성에 대한 일반적 조건만을 열역학적으로 알 수 있을 뿐이다〔19, 22, 23〕. 이 과정을 이론적으로 철저하게 조사하는 것은 열역학의 범주에 속하지 않는다. 구체적 운동학으로 분석해야 하기 때문이다. 비선형 열역학은 실제로 운동학이라 할 수 있다.

체계가 처음에는 균일하고 무질서한 상태이지만 시간과 공간에 대해 질서 있는 행동을 하는 모델 체계가 이론적으로나 실험적으로 잘 연구되어 있다. 우선 화학에서의 진동적 파동과정을 언급해야 하겠다. 비감쇄 진동은 평형에서 상당히 떨어진 상태에서만 가능하다는 것을 강조할 필요가 있다. 생명 현상의 일상적 리듬에서 효소의 진동적 반응에 이르기까지 생체계에서는 그 구조의 모든 수준에서 진동이 일어나고 있는 것을 잘 알고 있다. 그래서 '생물학적 시계'라고 한다. 그러므로 생체계는 평형에서 많이 떨어져 있다는 것을 알 수 있다. 생물학에서 평형은 죽음을 의미한다.

1958년 Belousov는 최초로 취소산염, 유기산, 그리고 세륨 이온을 포함하고 있는 균질한 산화—환원 체계에서 주기적 화학 반응이 일어나는 것을 발견하였다. 이때 세륨은 원자가가 3과 4인 상태로 존재한다.

$$Ce^{4+} + \text{전자} \rightleftarrows Ce^{3+}$$

이 실험은 매우 멋있는 것이다. Ce^{4+} 및 Ce^{3+} 이온은 색깔이 다르다. 하늘색 액체의 용기에 위의 물질을 몇 방울 떨어뜨린다. 그러면 액체는 분홍색이 된다. 그 다음에는 색이 바뀌어 푸른색이 되고, 또 다시 분홍색이 된다. 액체의 색은 주기적으로 수천 번 변한다 (Belousov의 최초 실험에서는 주기의 수가 몇 번 되지 않았다). 후에 Zhavotinsky는 일련의 체계에서 화학적 진동을 기본적 입장에서 실험 및 이론적으로 조사하였다. 그는 진동의 중심과 원형 및 나선형의 파동의 중심이 나타나는 것을 볼 수 있었다.

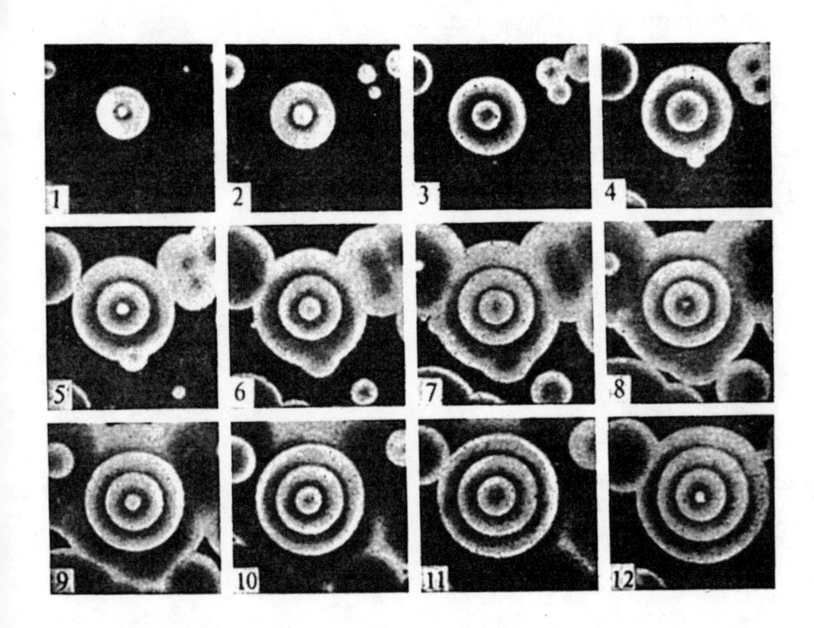

〔그림 9—3〕 화학적 진동의 중심들
(사진의 순서를 따라 번호가 매겨져 있음)

그림 9—3에는 이 사진들이 실려 있다. 이러한 반응들은 자체 촉매 반응이며 체계 전체로는 평형에서 멀리 떨어진 소산체계임이 알려졌다. 이 결과에 대한 상세한 기술은 Zhabotinsky의 책에 실려 있다.〔19, 24, 25〕

이런 아름다운 현상은 화학에서는 흥미있는 일이다. 생물학에서는 그렇지 않으리라고 생각할 사람이 있을지 모르겠으나 이것은 잘못된 생각이다. 물론 생물 체계는 훨씬 더 복잡하지만 물리학과 모든 이론적 자연 과학의 궁극적 목표는 기본법칙의 발견에 있다. 이러한 목적을 달성하려면 간단한 모델이 필요하다. 진동적 화학 반응은 생물학적 반응의 한 모델이 될 수 있다. 또한 이 모델은 의학 문제 해결에도 도움이 된다. 규칙적인 주기운동에서 비규칙적인 산발적 수축이 일어나 죽는 심장질환의 예가 알려져 있다. Krinsky는 심장조직을 어떤 의미에서는 화학적 진동체계와 비슷한 비평형물질로 연구하였다. 그의 연구는 세동(細動) 현상을 연구하는 토대가 되었고 심장의 세동 제거에 영향을 주어야 할, 즉 심장을 정상 기능으로 돌아오게 할 물리화학적 매개변수를 결정하게 해주었다.〔19, 24, 25〕

정보이론은 열역학과 직접적인 관계가 있다. 일반적으로 어떤 통신문에 포함된 데이터의 전체를 정보라고 생각하는 것과 달리 과학에서의 '정보'는 엄격하고 정량적인 의미를 가지고 있다. 주사위를 던지는 문제를 생각해 보자. 가능한 6가지 경우에서 특정한 결과를 얻을 확률은 1/6이다. 만일 두 개의 주사위를 던진다면 얻은 정보의 양은 두 배로 많지만 두 주사위가 특정한 결과가 나올 확률은 첫번째 주사위의 확률과 두번째 주사위의 확률의 곱 $1/6\times1/6=1/36$이다. 즉, 정보의 양은 더해지지만 확률은 곱해진다. 이것은 주어진 사건 W에 대한 확률이나, 또한 그 역수, 즉 주어진 확률을 가진 경우 수 Γ에 대하여 정보가 로그적으로 관계하는 것을 의미한다.

$$I=-K\log W \tag{74}$$

또는

$$I=K\log\Gamma \tag{75}$$

위의 공식에서 계수 K와, 바탕수는 로그에 분명하게 표시되어 있지 않다. 계수 K는 가장 편리한 방법으로 결정할 수 있다. 보통은 $K=1$, 로그의 바탕수는 2로 택한다. 그러면 다음과 같다.

$$I = -\log_2 W$$
$$= \log_2 \Gamma \qquad (76)$$

만일 $W=1/2$ 또는 $\Gamma=2$라면 $I=1$이 된다. 다시 말하자면 '비트(bit =binary digit)'라고 불리는 정보의 단위는 두 개의 똑같이 있음직한 가능성 중에서 선택할 때 얻는 양이다. 주사위를 던질 때 얻는 정보는 다음과 같다.

$$I = -\log_2 \frac{1}{6}$$
$$= \log_2 6$$
$$= 2.58 \text{ bit}$$

공식 (76)을 사용하면 어떤 문장의 정보량을 계산할 수 있다. 따라서 N개의 결합을 포함하는 DNA 사슬은 네 문자의 알파벳으로 쓰여진 문장이기 때문에 모두 4^N가지의 주요 구조를 가질 수 있다. 4^N개의 가능성 중 오직 한 가지 배열만이 존재하므로 정보량은 다음과 같다.

$$I = -\log_2 \frac{1}{4^N}$$
$$= \log_2 4^N$$
$$= 2N \text{ bit}$$

이러한 계산과 열역학은 무슨 관계가 있는가?

공식 (76)은 공식 (65)와 비슷한데, 후자는 통계적 체계에서 주어진 상태대로 실현될 수 있는 방법의 수 Γ와 엔트로피 S를 연관시켜 주고 있다. 두 식에서 Γ는 모두 같고 I와 S는 연관이 있다. 그러면

$$S = k \ln \Gamma = I\, k \ln 2$$
$$= \frac{1}{\log_2 e} k\, I \qquad (77)$$

이 되고 수치적으로는 I를 비트로 표시했을 때 다음과 같다.

$$S \cong 10^{-23} I \text{J/K}$$
$$\cong 2.3 \times 10^{-24} I \text{J/K} \qquad (78)$$

그러나 이것은 정확한 비유가 아니다. 정보를 알기 위해서는 엔트로피의 증가가 있어야 한다. 엔트로피가 일정한, 단열적으로 고립된 체계에 관한 정보를 얻는 것은 불가능하다. 용기내의 액체가 어느 경우

를 생각하자. 액체 상태에서 무질서하게 분포되어 있던 분자가 결정내에서 규칙적으로 배열되므로 엔트로피는 감소하고 정보는 증가한다. 그러나 냉동기가 없이 액체를 얼릴 수는 없다. 또한 이 냉동기는 작동과정에서 가열되고 엔트로피가 증가한다. 열역학 제2법칙에 따르면 전체 체계의 엔트로피는 증가한다.

엔트로피는 체계에 대한 정보 부재의 척도라 할 수 있다. 정보와 엔트로피의 대등성은 어떤 의미에서 Einstein의 법칙

$$E=mc^2$$

과 비슷하다. 위의 공식은 질량과 에너지의 동등성을 나타내고 있다. 우리는 보존법칙을 다음과 같이 쓸 수 있다.

$$S+I=\mathrm{const} \tag{79}$$

엔트로피 S가 증가하면 정보 I가 감소하고 또한 역도 마찬가지이다. 따라서 I는 엔트로피의 단위, 즉 J/K로 쓸 수 있고, S도 비트로 쓸 수 있다. S는 무질서의 척도, I는 질서의 척도이다.

식 (78)에 의할 경우 비트의 수가 아주 많으면 엔트로피는 매우 작다. 엔트로피의 단위로 볼 때 비트의 가치는 무척 싼 편이다. 흔히 책에서는 정보의 흐름과 에너지의 흐름을 비교한다. 실제로 물리적 과정에서 에너지와 엔트로피가 약간 차이가 나도 정보는 전달된다.

또한 세포와 유기체에서 '반엔트로피성(antientropicity)'의 개념에 당면하게 된다. 이 말은 실제로 생명체는 고도의 질서를 유지하는 것으로 이해되고 있다. Monod는 생명체와 비생명체의 차이점을 결정할 때, 유기체내에서의 질서를 훨씬 더 큰 것이라고 했다[26]. 이것은 틀린 말이다. Blumenfeld의 간단한 계산을 생각해 보자. [14]

세포로 구성된 유기체의 구조에서 질서를 계산해 보고자 한다. 인체는 대략 10^{13}개의 세포를 포함하고 있다. 만일 이들이 모두 다르다면 (실제로는 그렇지 않지만) 세포의 유일한 분포방법에 대하여 정보는 다음과 같다.

$$\begin{aligned} I &= \log_2(10^{13}!) \\ &\cong 10^{13}\log_2 10^{13} \\ &\cong 10^{14}\,\mathrm{bit} \end{aligned}$$

엔트로피로 생각하면 대략 10^{-9}J/K이다.

세포 하나에는 약 10^8개의 생물 중합체 분자가 들어 있다. 이들이

모두 다르고 세포내에서의 분포는 유일하다고 가정하면 각 세포에 대하여 정보는

$$I = \log_2(10^8!) \\ \cong 10^8 \log_2 10^8 \\ \cong 2.6 \times 10^9 \text{ bit}$$

이고 모든 세포에 대하여는 다음과 같다.

$$I \cong 10^{14} \times 2.6 \times 10^9 \\ \cong 2.6 \times 10^{23} \text{ bit}$$

엔트로피로는 약 2.6 J/K 정도이다.

인체는 대략 7 kg의 단백질과 150 g의 DNA를 포함하고 있다. 이것은 3×10^{25}개의 아미노산의 잔기와 3×10^{23}개의 뉴클레오티드에 해당한다. 이러한 단위체의 결합이 유일하다면 단백질에 대하여는 $I=1.3\times10^{26}$ bit, DNA에 대하여는 6×10^{23} bit에 해당하며, 엔트로피로는 각각 1300 J/K, 6 J/K와 대등하다. 유기체로 합성될 때 엔트로피의 감소는 1306 J/K 이상이 되지 않는데, 이것은 170 g의 수증기(상당히 소량임)가 응고할 때의 엔트로피의 변화와 같다. 이러한 점에서 유기체는 특정한 질서가 결핍되어 있고 질서에 관한 한 같은 질량의 바위 조각과 다른 면이 없다.

그렇지만 결정과 유기체 간에는 중요한 차이점이 있다. 그 안에 들어 있는 정보의 양은 같을 수 있으나, 그 성격은 매우 다르다. 결정에서는 중복되는 정보가 반복하여 들어 있다. 즉, 결정은 주기적이고 결정격자의 기본 구조가 여러번 되풀이된다. 이와는 대조적으로 유기체는 중복되지 않는 많은 정보를 가진 비주기적 결정체이다.

결정체와 유기체의 차이점은 이것만이 아니다. 이 책에서 여러 번 강조한 바와 같이 유기체는 개방된 체계로서 강작용과 약작용이 균형을 이루는 근거하에 동작하고 있는 특수한 화학장치이고 상호 연결과 피드백이 이루어진다. 더구나 이 장치는 복잡하고, 기능적인 구조를 가지고 있다. 이러한 기계의 동작은 그 구성 요소 각각의 위치와 상태에 의존하므로 생명체는 기체나 주기성을 띤 결정체 같은 통계적 체계가 아니다.

세포와 유기체는 동적인 체계이다. 이들을 엔트로피만으로 설명하는 것은 불충분하다. 왜냐하면 엔트로피 논의는 물론 허용되는 것이지만, 이것만으로 동적체계의 동작을 설명하지는 못한다. Blumenfeld가 제

기한 간단한 보기를 들어 보자.

엔진에는 실린더와 피스톤이 있다. 둘 다 금속으로 만들어졌으며, 각 부분의 엔트로피를 계산하는 것은 가능하다. 만일 실린더에서 피스톤을 빼놓으면 엔트로피는 별로 변하지 않지만, 엔진은 동작하지 않을 것이다.

마찬가지로 세포의 생물 중합체에 포함된 정보량과 이에 해당하는 엔트로피의 양을 계산할 수 있다. 그렇지만 비록 이 계산을 하더라도 생물 분자의 성질을 이해하지는 못한다. 중요시 하는 것은 DNA에 있는 정보량이 아니라, 문장에 포함된 단백질 합성에 대한 프로그램이다. 다시 말하자면 생물학에서 중요시 하는 것은 정보의 양이 아니라, 그 내용이 갖는 프로그램 과정의 값들이다. 12장에서 이 정보의 값에 대하여 이야기 하겠다.

물론 열역학의 법칙은 생명체나 비생명체에서 모두 성립된다. 그러나 생명 현상을 이해하려면 현재 발달하고 있는 체계이론이나 자동조절이론과 같은 새로운 물리학이 필요하다. 이미 알려진 것과 다른 새로운 물리학적 원리는 따로 없다. 그러나 이러한 '기계'의 연구는 새로우므로 물리개념을 확장하게 되고, 화학적이나 분자적인 특정한 동적 체계의 물리를 다루게 된다.

동력학과 통계역학의 관계는 매우 복잡하다. 증기기관에서 통계학적 부분인 수증기는 동력학적 부분인 금속으로 된 엔진부분과 구조면이나 기능면에서 분리되어 있다. 그러나 생명체에서는 동력학과 통계역학이 서로 얽혀 있다. 유기체는 비주기적 결정체이다. 불균질하고, 불균일하지만 질서를 가진 체계이다. 이 정의는 또한 유기체의 각각의 기능을 가진 부분, 즉 기관, 조직, 세포 및 단일 구형 단백질에도 관계된다. 그러나 구형 단백질은 구조적 가동성을 그대로 보유하고 있다. 동력학적 역할을 하는 통계학적 요소를 지니고 있다.

생물학적 발달에 대한 복잡한 문제를 다른 각도에서 물리학적으로 볼 수 있다. 그 한 가지 연구 방법은 다음 장에서 다룰 물리수학적 모델이다. 여러 가지 방법을 이론생물학으로 통합하는 것은 미래의 과업이다. 현재 이 분야의 연구가 잘 진행되고 있으며, 이미 중요하고도 흥미있는 결과가 나오기 시작했다.

제10장

생물학적 과정에 대한 물리수학적 모델

경제학에서와 마찬가지로 생물학적 과정의 연구에 수학을 사용한다는 것은 문제를 정량적으로 다룰 수 있다는 것을 의미한다. 그러나 물리학과는 아무런 관계가 없다. 개체군 동역학에 대한 복잡한 계산은 동물학이나 식물학의 과제이지 생물물리학의 연구 대상은 아니다.

그러나 수학적 모델의 근거가 물리개념에 있다면 이러한 모델은 생물물리학적인 것으로 간주할 수 있다. 복잡한 체계의 생물물리학을 발전시키는 데 이러한 모델의 방법이 사용된다.[19, 23~25, 27, 28]

그렇지만 첫 보기로서 물리적이 아닌 동물학적 모델을 고려하겠다. 이것은 Volterra가 제안하고 연구한 '포식－피식 관계' 모델이다[8]. 최근에 세포나 유기체내에서 일어나는 일련의 기본 과정에 대한 수학적 모델은 Volterra 모델과 상당히 공통점이 있다고 알려졌다.

충분한 풀이 있어서 먹이 걱정없이 사는 설치류 개체군을 가상하자. 여기에 설치류를 잡아먹고 사는 포식자 개체군을 투입하여 서로 작용을 시킨다. 그러면 두 집단의 시간적 역학관계는 어떻게 되겠는가?

정상적인 대답은 아주 분명하다. 포식자를 살쾡이로 하고 피식자를 산토끼로 하자. 그러면 살쾡이는 산토끼를 잡아먹고 생식하는 데 필요

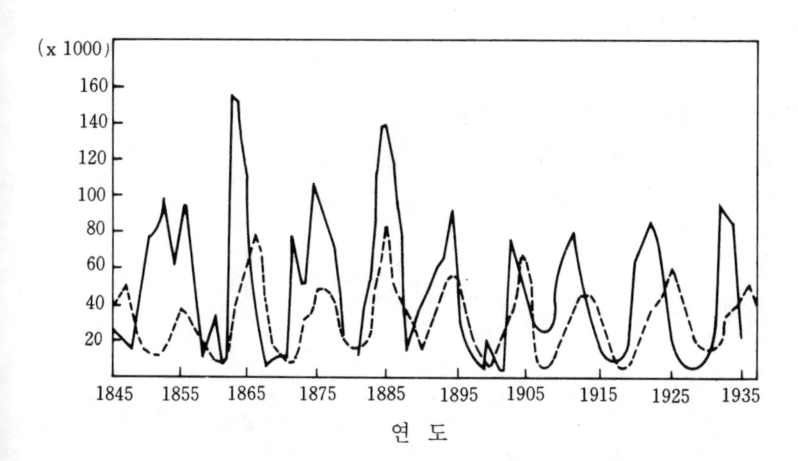

〔그림 10－1〕 **살쾡이와 산토끼의 개체수 변화**
(실선은 산토끼, 점선은 살쾡이의 수임).

한 음식이 풍부하므로 그 수가 증가한다. 동시에 산토끼 수는 감소한다. 그렇게 되면 살쾡이의 식량이 줄어들므로 살쾡이의 수도 줄어든다. 그 결과 산토끼가 살쾡이를 만나 잡아먹힐 확률이 작아지므로 산토끼 수가 증가한다. 그러면 다시 살쾡이 수가 증가하고 산토끼 수는 감소한다. 이 과정은 계속되어, 결과적으로 양 개체군의 수는 위상차를 가지고 주기적으로 변한다. 그림 10－1에는 어떤 피혁회사에서 1845－1935년 사이에 구매한 모피의 수에 근거한 살쾡이와 산토끼의 개체군 사이의 동적인 변화가 나타나 있다.

그렇지만 계산하지 않고 이 변화의 주기와 진폭을 알 수는 없다. 그러면 이번에는 계산을 해보자. 산토끼의 수를 x, 살쾡이의 수를 y라 하면 동태 방정식은 x와 y의 변화율이 다음과 같이 x, y의 함수로 주어진다.

$$\frac{dx}{dt}=k_1x-kxy$$

$$\frac{dy}{dt}=k'xy-k_2y \tag{80}$$

여기서 dx/dt 및 dy/dt는 각각 x, y의 변화율이다. k_1x항은 산토끼의 증식률이다. 증식률은 현재의 산토끼 수에 비례하기 때문이다. 또한 $-kxy$는 산토끼의 소멸률이다. 이것은 산토끼 수와 살쾡이 수의 곱, 즉 이들이 만나는 빈도에 비례하기 때문이다. 산토끼가 다른 이유로 없어지는 경우는 없다고 가정한다. 자연사하는 경우는 없다고 가정하는 것이다. 마찬가지로 $k'xy$는 살쾡이의 증식률인데 얻을 수 있는 먹이의 양에 비례한다. 마지막 항 $-k_2y$는 살쾡이의 소멸률로 그것의 수에 비례한다.

연립 방정식(80)은 비선형 방정식이다. 우변에 비선형인 항 xy가 포함되어 있다. 이러한 방정식을 푸는 보통 방법은 우선 선형화시키는 것이다. 즉, 우선 정상 상태의 풀이를 구하고 여기에서 약간 벗어난 경우를 연구하는 것이다. 방정식 (80)의 정상 상태는 시간에 따라 불변이므로 x_0＝일정, y_0＝일정이 된다. 따라서

$$\left(\frac{dx}{dt}\right)_{x=x_0,\ y=y_0}=\left(\frac{dy}{dt}\right)_{x=x_0,\ y=y_0}=0$$

또는 다음이 성립한다.

$$k_1 x_0 - k x_0 y_0 = 0$$
$$k' x_0 y_0 - k_2 y_0 = 0 \tag{81}$$

위 식을 풀면 x_0와 y_0는 아래와 같다.

$$y_0 = \frac{k_1}{k}$$
$$x_0 = \frac{k_2}{k'} \tag{82}$$

이번에는 방정식 (80)의 풀이를 다음 형태로 생각하자.

$$x = x_0 + \alpha$$
$$y = y_0 + \beta \tag{83}$$

위 식에서 α와 β는 x_0, y_0에 비하여 매우 작다. 식 (83), (81)을 사용하여 방정식 (80)에서 다음을 얻는다.

$$\frac{d\alpha}{dt} = k_1 \alpha - k x_0 \beta - k y_0 \alpha - k \alpha \beta$$
$$\frac{d\beta}{dt} = k' x_0 \beta + k' y_0 \alpha + k' \alpha \beta - k_2 \beta \tag{84}$$

위 식에서 $k\alpha\beta$와 $k'\alpha\beta$는 두 개의 작은 양의 곱이므로 무시할 수 있다. 또한 x_0와 y_0의 값은 이미 식 (82)에 있으므로 선형화된 체계에 대하여 다음 방정식을 얻는다.

$$\frac{d\alpha}{dt} = -\frac{k k_2}{k'} \beta$$
$$\frac{d\beta}{dt} = \frac{k' k_1}{k} \alpha \tag{85}$$

다음에는 두 방정식의 풀이를 찾아보겠다. 우선 진동함수인 것을 알 수 있다.

$$\alpha = A e^{i\omega t}$$
$$\beta = B e^{i\omega t} \tag{86}$$

위에서 $i = \sqrt{-1}$, $\omega = 2\pi\nu$는 각 진동수이다. 식 (86)을 식 (85)에 대입하고 $(d/dt)[\exp(i\omega t)] = i\omega \exp(i\omega t)$를 이용하면 다음의 방정식이 된다.

$$A i\omega e^{i\omega t} + \frac{k k_2}{k'} B e^{i\omega t} = 0$$
$$B i\omega e^{i\omega t} + \frac{k' k_1}{k} A e^{i\omega t} = 0 \tag{87}$$

다음에 공통인자 $e^{i\omega t}$를 소거하면 다음과 같다.

$$i\omega A+\frac{kk_2}{k'}B=0$$

$$-\frac{k'k_1}{k}A+i\omega B=0 \qquad (88)$$

위의 두 방정식이 서로 상치하지 않으려면 두 식에서 계산한 비 A/B가 서로 같아야 한다. 즉,

$$\frac{A}{B}=-\frac{kk_2}{k'}\frac{1}{i\omega}$$

$$=i\omega\frac{k}{k'k_1} \qquad (89)$$

그러므로 x, y의 각 진동수는 다음과 같다.

$$\omega=\sqrt{k_1k_2} \qquad (90)$$

x, y의 진폭과 위상은 초기 조건에 의하여 결정된다.

이것은 비선형 진동계의 좋은 보기이다. 진동에 관한 물리학은 고전적으로도 자세히 연구되었으며[29], 여러 책에 자세히 나와 있다.[19, 27, 28]

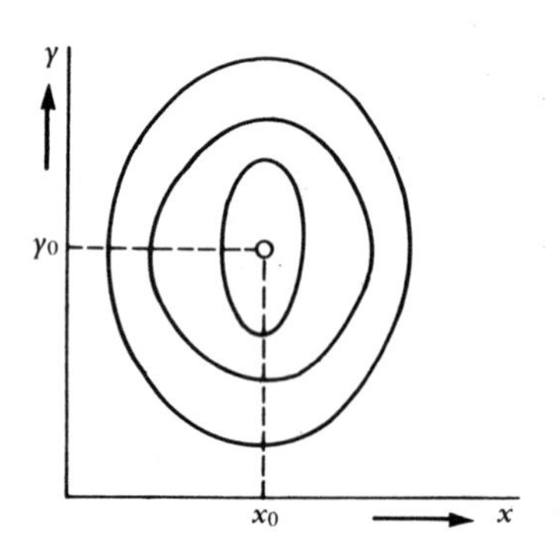

〔그림 10—2〕 포식—피식 체계에 대한 위상 묘사도

비선형 운동 방정식의 분석을 직관적으로 볼 수 있는 방법은 체계에 대한 '위상 묘사도'를 조사하는 것이다. 우리가 다루는 문제에서 위상 묘사도는 x, y—평면에서 여러 개의 곡선으로 되어 있다. 이 곡선을 따라 움직이는 점은 체계의 운동을 나타낸다. Volterra 체계에 대한 위상묘사도가 그림 10—2에 나타나 있으며, 주기적 폐곡선이 특이점(중심)주위에 그려져 있다. 이 점은 정상 상태에 해당하는 점이고 좌표는 x_0, y_0이다. 체계가 어느 곡선을 따라서 움직일까 하는 것은 초기 조건에 의하여 결정된다. 이 운동은 불안정하다. 산토끼나 살쾡이가 외부로부터 더 들어오면 다른 폐곡선으로 체계가 변동되기 때문이다.

Volterra의 연구가 있기 훨씬 이전, 1910년과 1920년에 Lotka는 진동하는 자체촉매적 화학체계의 성질을 비슷한 방정식으로 기술하였다. 당시에는 완전히 추상적인 이론이었다. 그러나 오늘날에는 이러한 Belousov-Zhabotinsky 반응은 잘 연구되어 있다. 물론 Volterra와 Lotka의 모델에서 변수들의 물리적 의미는 매우 다르다. Volterra 모델에서는 개체군의 수이고, Lotka 모델에서는 화학물질의 농도이다. 생물물리학 모델에서는 주로 농도에 관심이 있다.

이번에는 유전자의 조절에 의한 단백질 합성의 '전환'에 대한 가장 간단한 모델을 생각해 보자. Jacob와 Monod는 박테리아 세포에서 유

전적 조절기구, 즉 오페론(operon)을 연구하였다. 기능적 단백질의 합성을 주도하는 일단의 구조 유전자들이 소위 조절 유전자와 작동 유전자와 함께 결부되어 있다. 조절 유전자는 단백질인 억제물질을 합성하는 데 책임을 지며 이 억제물질은 작동 유전자와 인접하여 있는 모든 구조 유전자의 작업을 억제하기 위하여 작동 유전자에 작용한다. 만일 억제물질과 결합하는 유도물질을 넣으면 억제물질이 더 이상 작동 유전자에 영향을 미치지 못하기 때문에 구조 유전자가 활동하게 된다. 작동 유전자와 구조 유전자로 되어 있는 체계를 오페론이라고 부른다. 이러한 개요적 논리는 실험적으로 확인되었으며 그림 10-3에 나타나 있다(더 자세한 것은 참고 문헌[16, 19, 30] 참조).

다세포 생물의 발달에 따라 세포에서는 단백질 합성의 전환이 일어난다. 발생 중 어느 시기에는 일단의 특정한 단백질이 합성되고, 다른 시기에는 또 다른 집단의 단백질이 합성된다. 이런 종류의 과정은 세포분화에서 결정적 역할을 한다.

Jacob와 Monod가 제안한 전환에 대한 가장 간단한 모델은 두 개의 오페론이 교차적으로 작용하는 체계이다. 개요적 논리가 그림 10-4에 나타나 있다. 첫번째 오페론은 효소 E_1을 합성하고, 이것은 기질 S_1을 생성물 P_1으로 변환되도록 촉매 작용을 한다. 이때 생기는 생성물은 억제물질을 활성화시켜 두번째 오페론에 대한 억제 보조물질로 작용한다. 그 다음 두번째 오페론은 효소 E_2를 합성하고 이것은 기질

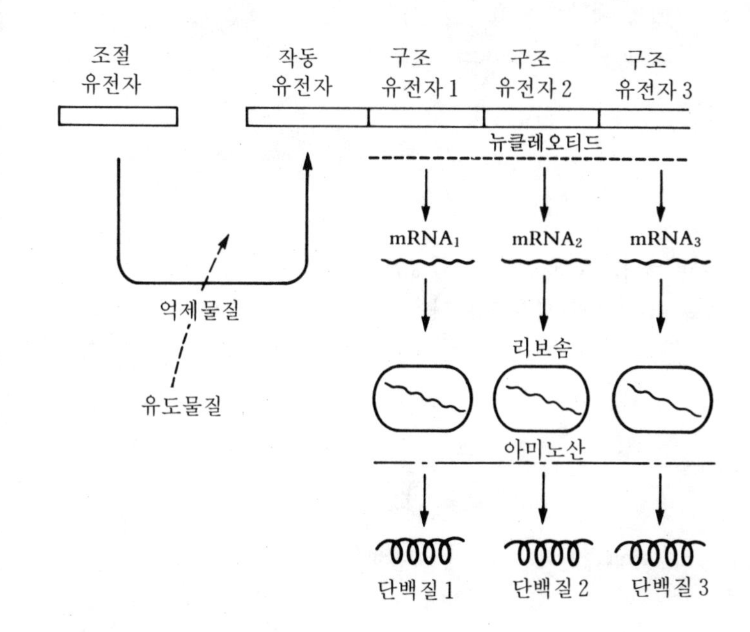

〔그림 10-3〕 오페론의 개요적 논리

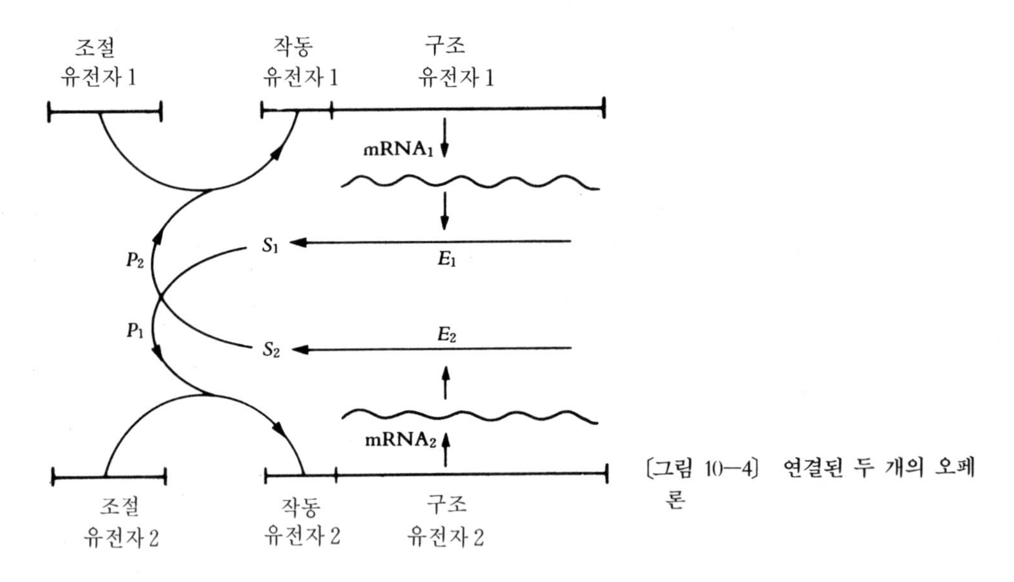

〔그림 10—4〕 연결된 두 개의 오페론

S_2를 생성물 P_2로 변환하여 첫번째 오페론의 억제물질을 활성화한다.

간단하게 만든 동태 방정식을 써 보자. 이 과정은 mRNA와 효소합성 단계가 느리므로 제한을 받는다. mRNA의 증가율은 억제물질을 활성화하는 생성물 P_1의 양, 즉 P의 합성을 결정하는 효소의 양에 쌍곡선적 함수이다. 첫번째 오페론이 생성한 mRNA 농도를 x_1, 두번째 오페론이 만든 mRNA의 농도를 x_2, 또한 이에 해당하는 효소의 농도를 y_1 및 y_2라 하면 mRNA에 대하여 다음 방정식을 얻는다.

$$\frac{dx_1}{dt}=\frac{A}{B+y_2}-kx_1$$

$$\frac{dx_2}{dt}=\frac{A}{B+y_1}-Kx_2 \tag{91}$$

여기서 $-kx$항은 mRNA의 분해를 나타낸다. 또한 효소의 합성은 곧 mRNA 합성에 대한 주형 합성이므로 mRNA의 합성률은 다음과 같다.

$$\frac{dy_1}{dt}=ax_1-by_1$$

$$\frac{dy_2}{dt}=ax_2-by_2 \tag{92}$$

이번에도 정상 상태의 풀이를 구해 보자. 이때에는 시간에 대한 도함수가 영이므로 다음을 얻는다.

$$k\frac{b}{a}\gamma_1=\frac{A}{B+\gamma_2}$$

$$k\frac{b}{a}\gamma_2=\frac{A}{B+\gamma_1} \tag{93}$$

이들에 대한 두 곡선 γ_1, γ_2가 그림 10—5에 나타나 있다. 두 곡선은 오직 한 점에서만 교차하며, 따라서 이 경우에는 전환이 일어날 수 없다.

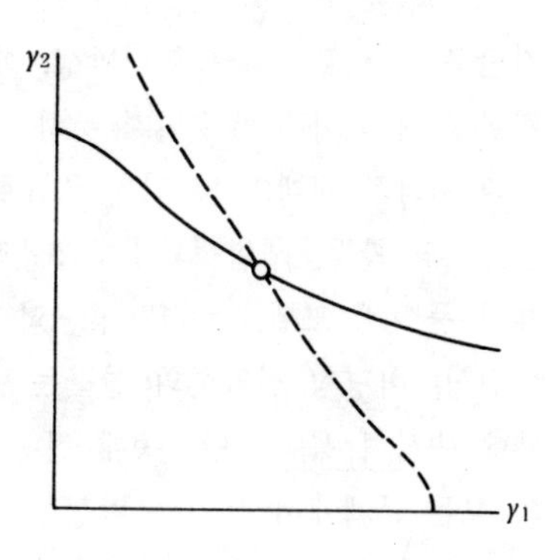

〔그림 10—5〕 체계(93)에 대한 위상 묘사도

그렇지만 작동 유전자의 작용을 막기 위해 억제물질의 도움이 필요하다면, 즉 한 작동자로 여러 개의 분자를 동시에 결합시키는 것이 필요하다면 이야기는 달라진다. 가령 억제하기 위해 두 분자의 억제물질이 필요하다고 가정하자. 그러면 식 (91)은 다음과 같이 쓰여져야 한다.

$$\frac{dx_1}{dt}=\frac{A}{B+\gamma_2^2}-kx_1$$

$$\frac{dx_2}{dt}=\frac{A}{B+\gamma_1^2-kx_2} \tag{94}$$

그러나 γ_1, γ_2에 대한 방정식은 식 (92)와 같고, 이 경우 정상 상태의 곡선은 아래와 같다.

$$k\frac{b}{a}\gamma_1=\frac{A}{B+\gamma_2^2}$$

$$k\frac{b}{a}\gamma_2=\frac{A}{B+\gamma_1^2} \tag{95}$$

이번에는 그림 10—6에서 보는 바와 같이 위상 묘사도가 다르다. 위 식에 대한 곡선들은 세 점에서 만난다. 가운데 있는 점 1은 불안정한 점이다. γ_1이나 γ_2의 약간의 변화에 따라 체계가 안정한 점 2나 점 3으로 간다. 그러므로 이 체계는 스위치와 같은 성질을 가지고 있다. 단백질 E_1이 합성되는 정상 상태에서 단백질 E_2가 합성되는 정상 상태로 바뀌게 할 수 있다.

이것은 제동체계의 아주 간단한 모델이다. 일반적으로 생각하자면 생물체가 발달해 나갈 때 안정하거나 불안정한 정상 상태가 많아야 한다고 결론지을 수 있다. 불안정 상태에서는 체계가 안정된 상태 중의 하나를 고르게 된다. 스위치가 작동하는 것이다. 이렇게 조절하거나 요동되는 현상으로 결정되는 상태는 새로운 정보가 생겨난 것을 의미한다.

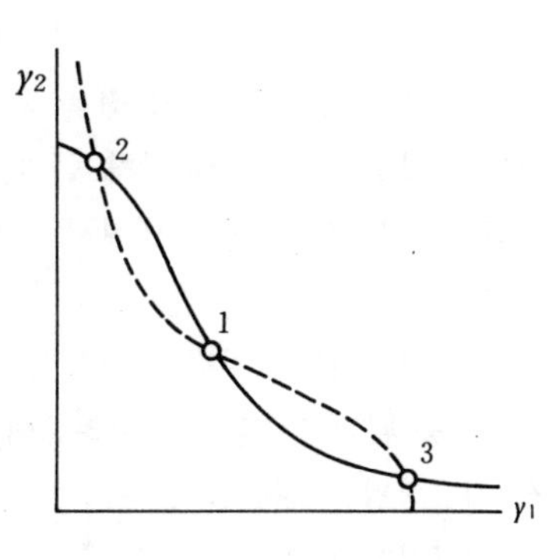

〔그림 10—6〕 체계(95)에 대한 위상 묘사도

물론 오페론의 모델은 다세포 체계의 발달현상을 기술하기에는 너무 간단하다. 세포분화와 형태발생, 개체발생의 전체적 물리 수학 모델에 관한 문제는 아직 해결되지 못하고 있다. 그러나 단순화시켜 기술함으로써 이러한 체계의 몇 가지 주요한 양상을 이해하는 데 도움이 된다.

효소의 활동, 생합성과정, 발생과정, 면역성 등 중요한 생물학적 문제의 풀이에 모델 방법은 성공적으로 응용되어 왔다. 위에서 언급한 비선형, 비평형 열역학의 연구는 운동학이 되고 또한 물리 수학적 모델에 속하며 특히 자체 촉매 반응의 모델에 속하게 된다. 생물물리학의 모든 문제에서 우리는 비선형 미분방정식에 부딪치게 된다.

모델 방법으로 평형과 진동 중심에서 멀리 떨어진 개방되고 소산적인 체계에서 질서 과정 같은 것을 설명할 수 있다. 모델 방법으로 체계의 기술에 필요한 매개변수를 고를 수 있고, 이들의 변화로 어떤 변화가 올 것인가를 예측할 수 있다. 따라서 물리수학적 모델을 사용하여 모델의 정당성을 지지하거나 반박할 수 있는 실험을 수행할 수 있다. 만일 모델의 정당성이 확인되면 그 현상에 대한 이론이 되는 것이다.

미생물 및 이보다 큰 생물체의 개체군 동태론에 대한 수학적 모델로 말미암아 중요한 응용이 될 수 있는 재미있는 결과들이 이미 얻어졌다. 응용분야로서 이러한 모델들은 미생물학적 합성에 대한 최적 조건의 확립과 어업에 관한 과학적 토대가 된다. 생태학도 수학적 모델에 근거를 두고 있다. [27, 28]

비선형 미분방정식을 사용할 때에는 변수가 연속적으로 변한다고 가정한다. 가령 포식-피식 모델에서 각 개체수를 보기로 들어보자. 이것은 결정론적이며 또한 인과론적 기술이다. 실제로 체계는 이산적, 통계적 성격을 가지고 있다. 각 개체나 분자의 수는 연속적으로 변하지 않는다. 물론 무질서적인 변화(요동)는 있다. 후자는 물체의 수가 적을 때, 즉 변수의 값이 작을 때 특히 현저하다. 확률적으로 기술할 때에는(확률 모델) 체계에서 한 가지가 변하는 확률도 고려해야 한다. 그러므로 포식-피식 모델에서 산토끼 한 마리, 살쾡이 한 마리의 출생 및 사망 확률도 계산해야 한다. 마찬가지로 효소 반응을 확률적으로 기술할 때에도 기질이나 생성물의 분자수가 한 개씩 변할 확률(분자의 '출생'과 '사망')을 고려해야 한다. 미분방정식을 사용한 결정론적 기술방법은 대상물의 수가 충분히 많을 때 성립한다. 즉, 이 방법은 평균값으로 기술하는 것이다. 확률론적 모델에서 결정론적 모델로 넘어갈 수 있는가에 대한 엄밀한 기준은 언젠가는 수식화될 수 있다.

최근에는 생물학적 과정에 대한 수학 모델의 연구에 새로운 경향이 생겼다. 많은 경우에서 비선형 체계의 행동이 비생명체의 물리학에서 일어나는 위상전이와 흡사하다는 것을 Schlögl은 입증하였다.

앞에서 제 1 종의 위상전이, 즉 응융에 대하여 말한 바 있다(6장). 이러한 전이에서는 열역학의 기본 물리량인 엔탈피, 부피, 엔트로피가 급격한 변화를 한다. 액체로 변화될 수 있는 실제기체의 성질은 van der Waals 방정식으로 기술된다.

$$(p+\frac{a}{V^2})(V-b)=RT \tag{96}$$

여기서 p는 압력, V는 부피, T는 온도 및 a, b, R은 상수이다. 이 방정식은 이상기체에 대한 Clapeyron 방정식

$$pV=RT \tag{97}$$

와는 달리 분자간의 상호인력(a/V^2)과 상호척력(b)를 고려하고 있다. 여러 가지 온도에 대한 $p(V)$ 곡선은 식(96)에 대한 등온선인데 그림 10−7에 나타나 있다. 온도 $T=T_{cr}$ 이하에서 곡선은 이상한 형태를 하고 있다. 극대와 극소가 존재한다. 실제로는 압력이 점점 증가할 때 $T \langle T_{cr}$인 기체 상태는 곡선 A B C D E F G를 따라서 변하지 않는다. 점 B에서 기체는 모두 액체가 될 때까지, 즉 위상전이가 끝날 때까지 응축하고 압력은 일정하게 된다(직선 BDF).

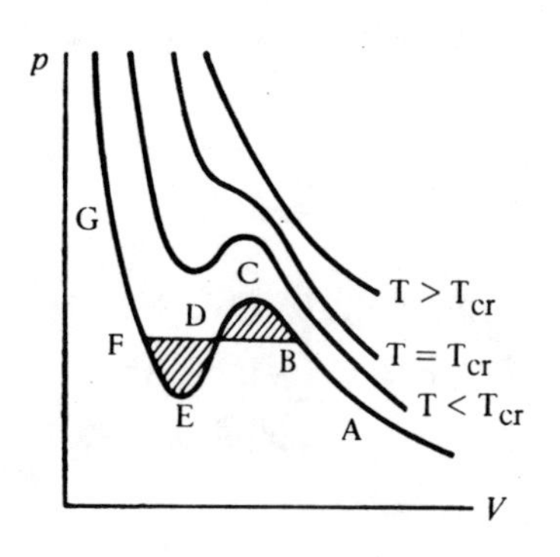

〔그림 10−7〕 van der Waals 등온선

직선 BF는 Maxwell의 조건에서 구할 수 있다. 이 조건은 넓이 B D C와 넓이 D E F가 같다는 것이다. 임계온도 T_{cr}에서는 B C D E F 전체가 한 점으로 되고, $T \rangle T_{cr}$에서는 실제기체가 이상기체와 같이 행동하며, 등온선의 특이성이 없어진다. 임계온도에 대한 곡선의 변곡점에서 V에 대한 p의 1차 및 2차 도함수는 영이 된다.

$$\left(\frac{\partial p}{\partial V}\right)_T=-\frac{RT}{(V-b)^2}+\frac{2a}{V^3}=0$$

$$\left(\frac{\partial^2 p}{\partial V^2}\right)_T=\frac{2RT}{(V-b)^3}-\frac{6a}{V^4}=0 \tag{98}$$

식 (96)~(98)에서 임계점에서의 온도, 압력 및 부피를 유도할 수 있다.

$$T_{cr}=\frac{8}{27}\frac{a}{Rb},$$

$$P_{cr}=\frac{1}{27}\frac{a}{b^2},$$

$$V_{cr}=3b \tag{99}$$

다음에는 Schlögl이 고려한 아래의 화학 반응을 생각해 보자.

$$A+2X \underset{k_{-1}}{\overset{k_1}{\rightleftarrows}} 3X$$

$$B+X \underset{k_{-2}}{\overset{k_2}{\rightleftarrows}} C$$

첫번째 반응은 자체 촉매 반응이다. X와 A를 반응시킬 때 물질 X의 양이 증가한다. 여기서 k_1, k_{-1}, k_2, k_{-2}는 반응 속도 상수이다. 왼쪽에서 오른쪽으로 진행하는 반응 속도는 다음과 같다.

$$\nu_1=k_1AX^2-k_{-1}X^3$$
$$\nu_2=k_2BX-k_{-2}C \tag{100}$$

위에서 A, B, C, X는 각각 반응 물질의 농도이다. 문제를 간단히 하기 위해 $k_{-1}=1$, $k_1A=3$으로 택하고, k_2B, $k_{-2}C$를 각각 β, γ로 표기하자. 그러면 X의 농도 변화율은 다음과 같다.

$$\frac{dX}{dt}=\nu_1-\nu_2$$
$$=-X^3+3X^2-\beta X+\gamma \tag{101}$$

정상 상태에서는 $\nu_1=\nu_2$이고 위의 식은 영이 된다. 그러므로

$$\gamma=X^3-3X^2+\beta X \tag{102}$$

위 식을 나타내는 곡선 $\gamma(X)$가 그림 10−8에 나타나 있다. 이것은 그림 10−6과 매우 유사하다. 방정식

$$\frac{dX}{dt}=0$$

은 세 개의 근을 가지고 있으며, 임계값 $\beta=\beta_{cr}$에서 이들은 일치한다. 변수 X와 매개변수 γ, β의 임계값들은 다음과 같다.

$$X_{cr}=1,$$
$$\gamma_{cr}=1,$$
$$\beta_{cr}=3 \tag{103}$$

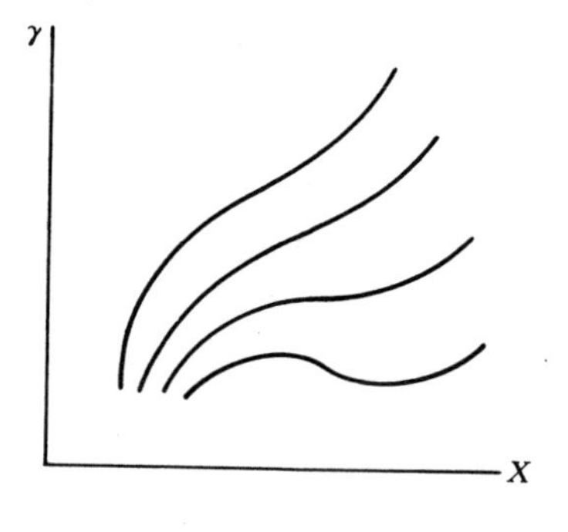

〔그림 10−8〕 식 (102)의 $\gamma(X)$에 대한 곡선

세 개의 상이한 양의 실근 $X_2>X_3>X_1$은 $\beta>\beta_{cr}$일 때에만 가능

하다. 풀이 X_1, X_2는 안정하고, 불안정한 근 X_3는 $\gamma(X)$가 감소하는 쪽에 있다. 그림 10-6과 그림 10-7을 비교하면 농도 X는 밀도 V^{-1}에, 값 γ는 압력 p에, 값 β는 RT에 해당함을 알 수 있다.

액체-고체의 제1종 위상전이와 비슷하게 자체 촉매체계에서 $\beta<3$일 때 두 개의 안정된 정상 상태 X_1, X_2 사이에 전이가 일어난다. 이것은 생물물리학에서 중요한데 자체 촉매적 화학 반응이 생물학적 발달, 특히 세포분화와 형태발생의 순서를 결정해 주기 때문이다. 다른 자체 촉매 반응에서는 강자성-상자성 전이와 같은 제2종의 위상전이가 일어날 수 있다.

개체발생과 계통발생의 생물학적 발달이 위상전이처럼 일어난다고 생각할 수 있는 근거가 있다. 수학 모델의 도움으로 진화적 집단에서 새로운 종이 생기는 것은 위상전이와 같음을 보일 수 있다. [19]

비평형 위상전이(난립한 상태들이 잘 조직된 구조로 형성되는 것)의 연구는 자연 과학에서 새롭고도 매우 중요한 분야로서 시너제틱스(synergetics)라 불린다. 이것은 생물학적 진화와 레이저의 협동적 질서와 같은 현상을 포함하는 물리학, 화학, 생물학을 포괄하고 있다. [19, 31]

그러면 다음에는 생물학적 발달 문제를 살펴보기로 하자.

제11장

발달의 문제

생명에 관한 가장 중요하고 일반적인 문제는 발달에 대한 것이다. 생물학의 과학적인 설계에서 결정적인 단계는 Darwin의 진화론의 제창이었다. 이 이론은 물리학과는 아무 연관이 없다. 겨우 요즘에 와서 상황이 변하여 계통발생과 개체발생의 물리학적 의미를 이해하려는 시도가 행하여지고 있다.

그러나 물리학에서 '발달의 문제'는 생소한 주제가 아니다. 물리학은 태양계와 우주 전체에 대한 연구로부터 발달이라는 문제에 봉착하게 되었다. 천체 물리학도 물리생물학처럼 역사적이고 발전하는 물체의 물리학이다. 그런 연구에서 우리는 평형은 아니지만 개방계가 불안정한 상태에서 비교적 안전한 상태로 전환한 결과 생긴 질서와 접하게 된다. 전체적으로 별, 은하계 그리고 우주는 비평형계이다. 결국 생명은 태양의 비평형상태에 의해 결정된다. 그러므로 생명은 태양광선 없이는 존재할 수 없다.

생물학의 과학적 연구는 1924년에 Oparin이 제창한 비생물학적 기원을 가정한다. 그는, 지구의 초기 대기는 자유 산소가 없고 단지 H_2, CH_4, H_2O, NH_3 그리고 CO_2만을 함유하는 환원상태였다고 가정했다. 기체 혼합물에 통한 전기방전이나 자외선의 조사는 아미노산과 뉴클레오티드를 포함하는 복잡한 유기물을 생성한다는 것이 실험적으로 밝혀졌다. 자유 산소는 식물체의 광합성의 결과로 후에 대기중에 나타났다. 그러나 최근의 실험 결과들은 산소가 물의 광분해에 의해 대기 중에 대량으로 생성될 수 있음을 보여 주고 있다. 산소의 존재하에서 어떻게 복잡한 유기물이 형성될 수 있었는가는 아직 명확하지 않다. 그러나 이 사실이 생명의 무생물적 기원을 부정하지는 않는다. [19]

분명히 단위체 분자(monomeric molecule)들은 중합되었고 생성된 단백질과 핵산의 중합사슬은 미래의 세포를 위한 최초의 성분들이었다.

생명의 기원에 관한 근본적인 문제는 질서 정연한 정보를 가진 고분자물질들이 어떻게 형성될 수 있었으며, 멋대로의 단위체의 혼합체에서 하나의 문장(text)이 어떻게 생겨날 수 있는가 하는 것이다. 즉, 혼돈 속에서 질서가 어떻게 형성되는가라는 문제이다. 이 문제는 많은 훌륭한 물리학자들조차 풀 수 없는 것으로 여겨졌다. Wigner는 생명은 양자물리학과는 다르다고 결론을 내렸다. [32] 그는 생물 중합체(핵산)가 생합성 주형의 역할을 할 수 있는 능력에 대해 고려를 하지 않았기 때문에 잘못 판단하였다.

만약에 체계가 재생산적이고 파괴될 수 있는 단위를 갖고 있다면 우연한 과정의 결과로서 무질서에서 질서가 형성될 수 있다. 다음의 게임을 생각해 보자. [33]

어떤 상자에 색깔이 다른 공이 N개 들어 있다. 간단하게 $N=7$이라 하자. 즉, 우리는 빨간색, 주황색, 노란색, 초록색, 하늘색, 푸른색 그리고 보라색 공을 가지고 있다고 하자. 그 외에 우리는 또 가방 안에서 앞의 7가지 색의 공을 무한정 꺼낼 수 있을 만큼 가지고 있다고 하자. 이제 우리는 제멋대로 상자에서 공 한 개를 꺼내서 그것을 한쪽에 놔둔다. 이 공은 '죽었다.' 우리는 한 번 더 같은 일을 한다. 그러나 이번에 꺼낸 공은 '죽은 것'이 아니라 '재생성'된 것이다. 이때에 우리는 가방에서 같은 색깔의 공 하나를 취해 두 공을 다시 상자 속에 넣는다. 우리는 '죽음'과 '재생성'의 게임을 계속 번갈아가며 할 수 있다. 이러한 일이 몇 번 있은 후에 상자 속에 같은 색깔의 7개 공을 가질 수 있으리라는 것을 쉽게 알 수 있다. 즉, 무질서에서 질서의 창조이다. 물론 이 게임은 특정한 색깔의 공을 선택적으로 고르는 조건이 없기 때문에 진화를 모방하는 것은 아니다. 이 체계에서는 남아 있는 공의 색깔을 제멋대로 고르게 된다. 그러나 무질서에서 질서가 생겨난다.

정보를 가진 고분자물질이 형성되는 진화체계는 개방적이고, 평형과는 거리가 멀며 에너지가 공급되어야 한다. 체계는 또한 불안정 상태에서 비교적 안정한 상태로 전환할 수 있는 능력이 있어야 한다. 이와 관련된 물리 수학적인 모델이 Eigen에 의해 제안되고 연구되었다. [19, 34]

반투막 벽을 가진 상자를 상상해 보자. 단위체(monomer)만이 이 벽을 통과할 수 있고 다른 중합체들은 통과할 수 없다. 상자 안에서 단위체는 중합이 일어나고 중합사슬은 제멋대로 부숴진다. 이 사슬은 복제능력을 갖고 있고 주형 촉매자로도 행동한다. 복제는 부분적으로 오류가 생길 수 있다. 따라서 돌연변이가 일어난다. 또한 이 체계는 비평형이며 단위체들은 ATP와 같은 화학에너지를 매우 많이 가지고 있다.

여러 가지 사슬들에 따라서 복제와 증식의 속도는 다르다. 단위체로 분해되는 속도보다 사슬이 증식되는 속도가 낮으면 소멸되는 것은 명백하다. 반면에 증식이 분해보다 빠르면 사슬은 살아 남을 것이다.

그러나 이 과정은 아직까지 자연선택을 따른 것은 아니다. 우리가 개방계(Eigen의 상자)의 정상 상태에 있는 생물체에 주어진 얼마간의 제약을 주입한다면 선택과 진화는 일어난다. 예를 들면 결합되지 않은 단위체나 중합된 사슬 모두에 일정한 농도의 단위체를 제공하였을 때 가능하다. 단위체의 배열에 따라 달라진 모든 종류의 사슬들은 그 자신의 증식률에 따라 특징화될 수 있다. 복제의 오류, 즉 돌연변이는 증식률을 감소시키거나 증가시킬 수 있다는 사실이 중요하다.

사슬은 복제의 초과율에 의해 특징화되며 돌연변이를 고려한 운동상수의 조합에 의해 표현된 뚜렷한 선택값을 가지고 있다. 동태 방정식의 풀이, 즉 모델의 수학적인 분석은 얼마간의 시간이 경과한 후 오직 최대의 선택값을 가진 사슬만이 이 체계에 남게 됨을 보여 준다. 그것들은 다른 모든 사슬이 소멸되기 때문에 축적될 것이다. 돌연변이는 진화에 있어서 필요한 존재이다. 만일 초과되는 선택값을 가진 새로운 사슬이 돌연변이의 결과로 생기게 되면, 이 과정은 이러한 사슬의 형성을 이루는 방향으로 옮겨질 것이다.

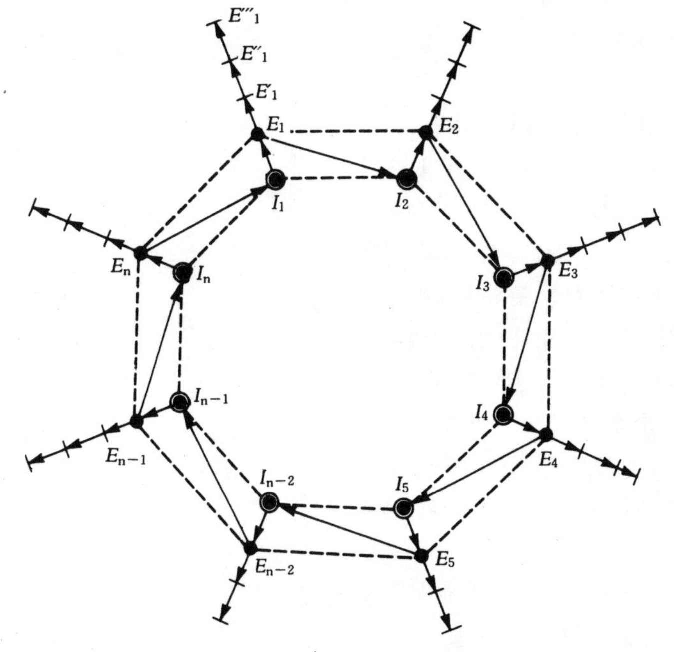

〔그림 11—1〕 Eigen에 따른 초회로의 모형

Eigen은 그러한 종류의 자연선택과 진화가 핵산과 이들에 의해 암호화되어 핵산의 증식을 촉매하는 효소를 함유하고 있는 초회로(hypercycle) 내에서 안정된 방법으로 진행될 수 있다는 것을 보여 주었다. 핵산과 단백질과의 암호 관계는 전생물적 진화의 초기 단계에서 필요하다.

Eigen에 따른 초회로의 모형은 그림 11-1에 나타나 있다. 여기서 I_1는 정보의 전달체들, 즉 RNA의 상보적인 사슬들이다. 모든 작은 사이클은 두 개의 상보적인 사슬을 갖고 있는 총체적인 I_1의 '자기 지시의 속성'을 나타낸다. 그러한 총체들은 E_1효소를 해독하는데, 이 효소들은 다시 새로운 총체들의 형성을 촉매한다. 초회로 전체는 닫혀 있는데, 그것은 I_1을 돕는 효소 E_n이 존재함을 의미한다. 이것을 제외하고 선택에는 참여하지 않은 지엽적인 생화학 반응이 일어난다. 선택은 초회로 사이에서 일어난다.

이 모델은 비선형 미분방정식에 의하여 표현되나 그것은 확률적 관계에 기초를 두고서도 조사할 수 있을 것이다. 이 두 가지 방법이 동등하다는 것은 Eigen에 의해서 입증되었다.

이 모델 이론은 $Q\beta$-파지를 연구한 Spiegelman의 실험과 비교될 수 있다. 몇몇 박테리아 세포에 감염하는 $Q\beta$-파지는 그 안에서 $Q\beta$-복제효소라는 효소를 합성한다. 이 효소는 $Q\beta$-파지의 RNA를 주형으로 하는 복제를 통하여 $Q\beta$-파지의 증식을 촉매한다. $Q\beta$-복제효소는 특이성이 강하기 때문에 $Q\beta$-RNA와 다른 RNA를 잘 식별한다.

이와 같이 Spiegelman은 '시험관내의 진화'를 연구했다. 복제효소와 활성화된 단위체, 그리고 주형으로 소량의 $Q\beta$-RNA를 용기 속에 넣었더니 똑같은 RNA가 합성되었다. 계속해서 복제효소와 단위체를 포함하는 시험관에 새로운 초발인자로서 앞에서 합성된 RNA의 일부분을 넣어 주었다. 이러한 조작을 8회에 걸쳐 시행한 결과 RNA가 합성되는 데 소요되는 시간은 각 단계가 진행될수록 점차 감소하였다.

여기서 가장 높은 증식률을 갖는 RNA 가닥들이 선택된다는 것은 명백하다. 결국, 처음의 고리들은 85%나 소실되었으나 복제효소와 상응할 능력을 보존한 RNA가 얻어졌다. 이 분자는 Eigen의 말에 따르면 가장 높은 선택값을 갖는다. 계산된 결과는 이들 실험 결과와 일치한다.

Eigen의 이론이란 수학적, 물리학적 도구를 사용하여 생명체가 형성되기 이전의 고분자 진화를 설명하는 하나의 모델인 것이다. 동시에 이 이론은 비평행 열역학과 직접적으로 연관을 갖고 있다. 그림 11-2는 체계의 엔트로피가 시간에 종속되어 있다는 것을 도식적으로 보여 주고 있는데, 단위체 단위의 흐름의 총량은 항상 일정하다. 변이된 가닥들 중에서 선택의 유리한 점을 가질 수 있다는 것은 불안정을 일으키는 음의 엔트로피 변동과 부합된다. 처음에 선택된 가닥들은 점차 파괴되고 변이된 가닥의 수가 증가하여 결국은 이들이 대부분을 차지한다. 가닥들은 새로운 것이나 묵은 것이나 같은 에너지를 갖기 때문에 정상 상태에서 엔트로피 생성을 나타내는 직선들 $S(t)$의 기울기는 같다. 즉, 소산함수(dissipation function) σ는 항상 같다. 정상 상태에서 엔트로피 곡선들이 항상 일정한 차이를 나타내는 것은 체계 구성이 성장하여 질서가 증대되었기 때문이다.

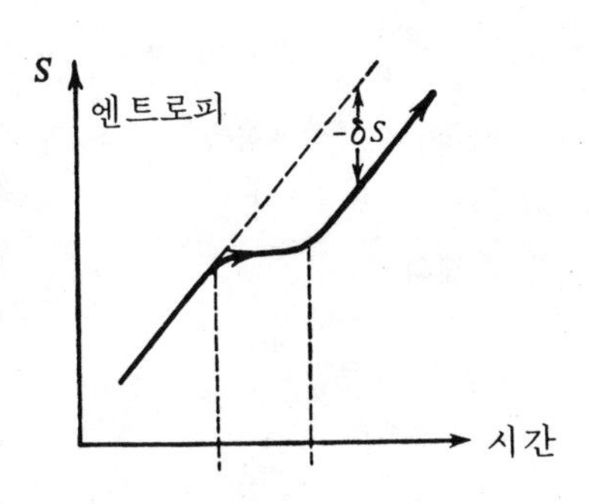

〔그림 11-2〕 시간에 따른 진화적인 체계의 엔트로피 종속 상태

물론 Eigen의 이론은 전생물적 진화가 전술한 방법 그대로 지구상에서 이루어졌다고 고집하지는 않는다. 단지 이 이론은 하나의 모델이며, 물리학과 화학의 정립된 법칙에 기반을 둔 진화가 가능함이 중요하다는 것을 말하고 있다. 가장 중요한 결론은 이들 법칙으로 전생물적 Darwin 진화를 충분히 설명할 수 있고, 따라서 생물학적 진화도 설명이 가능하다는 것이다. 여기서 우리는 선택값을 정의하는 데 물리적 개념을 도입할 필요를 느낀다. 그러나 물리학의 전반적인 법칙들을 다시 고쳐 쓸 필요는 없다. 이들 개념이 더욱 발달함으로써 생물학적 진화의 모델이 자세히 정립되었다. [19, 23, 28]

무질서로부터 질서가 생성될 수 있다는 사실은 물리적 이론으로도 설명할 수 있다. 아무렇게나 섞여 있는 단위체로부터 특별한 기능을 갖는 고분자가 생성될 수 있다는 것이 그 좋은 예이다.

진화와 직접적인 관계를 보여 주는 질서에 대한 또 다른 예를 생각해 보자. 이미 6장에서 언급했듯이 살아 있는 생물체의 모든 단백질은 L형의 아미노산으로 이루어진다. 생명체가 출현하기 이전의 진화단계에서 똑같은 화학적 성질을 갖는 좌선형 분자와 우선형 분자 사이에서 선택이 어떻게 일어날 수 있었을까?

우선형과 좌선형, 즉 D-단위체(m_D)와 L-단위체(m_L)에 의하여 형성된 1차 생물중합체의 분자수를 각각 x_D와 x_L이라고 하자. m_D로부터 x_D의 생성률과 m_L로부터 x_L의 생성률은 같고 분해율 또한 같다. 이런 체계의 발달을 기술하는 동태 방정식은 다음의 형태를 취한다.

$$\frac{dx_L}{dt}=ax_L w_L-bx_L$$

$$\frac{dx_D}{dt}=ax_D w_D - bx_D \tag{104}$$

여기에서 a는 중합상수, b는 분해 속도상수, w_L과 w_D는 각각의 단위체인 m_L과 m_D가 x_L주형과 x_D주형과 만나는 확률이다. 이들 확률은 아래와 같다.

$$w_L=\frac{m_L}{m_L+m_D}$$

$$w_D=\frac{m_D}{m_L+m_D} \tag{105}$$

m_L과 m_D의 모든 값에 대하여 다음이 성립한다.

$$x_L x_D = x_L(0) x_D(0) e^{(a-2b)t} \tag{106}$$

여기서 $x_L(0)$과 $x_D(0)$들은 최초의 순간($t=0$)에서 x_L과 x_D의 값이다. 만일 $a=2b$이면 그 체계는 정상 상태이다. 정상 상태의 조건은 단위체가 각각 같은 분량으로 혼합하여 $w_D=w_L=0.5$, 즉 $m_D=m_L$이 된다. 그러나 이 정상 상태는 불안정하다. 만약 제멋대로의 변동이 일어나면 $m_D \neq m_L$이 되고 따라서

$$w_L=0.5+\alpha,$$
$$w_D=0.5-\alpha \tag{107}$$

이며, 이때 방정식(104)의 해답은 다음과 같다.

$$x_L=x_L(0)e^{(a/2-b)t}e^{a\alpha t}$$
$$x_D=x_D(0)e^{(a/2-b)t}e^{-a\alpha t} \tag{108}$$

시간의 경과에 따라 x_L집단은 다음과 같이 우세하게 된다.

$$\frac{x_L}{x_D}=\frac{x_L(0)}{x_D(0)}e^{2a\alpha t} \tag{109}$$

우리는 우연히 불안정하게 된 정상 상태로부터 제멋대로 변동하는 편차를 갖는 생장 때문에 일어나는 아미노산과 뉴클레오티드의 일정한 비대칭성에 관한 선택을 생각할 수 있다. 단위체의 '부호(sign)'의 선택은 새로운 정보(고리당 한 비트와 같음)의 창조와 엔트로피의 감소를 뜻함은 분명하다.

생물학적 진화를 생각하는 사람이라면 모두가 시간이라는 문제에 부딪치게 된다. 만약 생명체가 자연발생적인 방법에 따라 기원되었다면, 그리고 생물진화나 Darwin의 이론을 따른다면, 지금 현존하는 생물의

종의 수가 만들어지기 위해서는 시간이 충분하였을까? 지금의 자료에 따르면 우주는 2×10^{10}년 동안 존재해 왔고, 지구는 5×10^{9}년 동안 존재해 왔다. 최초의 단세포성 생물체는 4×10^{9}년 전에 형성되었으며, 최초의 다세포 생물은 10^{9}년 전에 형성되었다고 한다.

현대 모델의 이론은 이 문제에 긍정적인 방법으로 대답을 하고 있다. 즉, 충분한 시간이었다고 한다. 진화에 대한 기본적인 물리화학적 원리는 일단 획득된 생물학적 유전정보는 소실되지 않는다는 점이다. 모든 발달단계에 있어서, 대부분의 돌연변이가 선택에 참여하지 않은 것처럼 모든 가능한 돌연변이의 우연한 선택은 없으며, 선택은 이미 살고 있는 생물의 존재 환경과 모순이 되지 않는 돌연변이 사이에서만 계속 진행된다. 그러므로 진화는 일정한 방향으로 이루어지고 가속화된다. 진화와 장기 게임 사이에는 일부 유사성이 있다(생물학에서는 '장기꾼'이 없다. 즉 어떤 절대자가 게임을 하는 것이 아니다). 처음에는 모든 파트너가 이동할 수 있는 가능성은 20가지이나 그 게임을 알고 있는 사람이라면 5 내지 6가지의 이동 방법만 택하게 된다. 나중에 가능한 이동 방법의 수는 40가지 내지 그 이상 증가하나 동시에 합리적인 이동 방법의 수는 감소한다. 마지막에는 가능한 이동 방법의 가짓수는 적어지며, 생각해 볼 여지가 있는 방법의 수는 더 적어진다. 장기를 두는 선수는 가능한 모든 이동 방법의 경우를 결코 고려하지 않는다. 상당한 경우는 처음부터 배제한다. 매 이동 후에는 새로운 상황이 장기판 위에 나타난다. 비슷한 방법으로 각기 새로운 수준의 진화상의 발달은 나타나는 집단의 변화뿐만 아니라 환경 조건의 변화도 의미한다. 상호 영향을 주고 받는 종은 모두 진화과정에(그러나 다른 속도로) 동시에 참여한다. 이것은 진화의 과정에 있어서 '방향성(channelization)'과 '예리함(sharpening)'을 일으킨다. 이 게임에 대한 현대 이론의 아이디어는 진화론[32]을 구성하는 데 있어서 매우 유용하다.

면역에 관한 생물학적 체계는 비교적 잘 연구되어 있다. 면역체계의 연구는 생물체를 유전적으로 이질성 생체 고분자물질인 항원(AG)의 유입에 반응하여 특이한 반응세포(세포성 면역반응)를 생성하거나 특이한 단백질인 항체(AB)(체액성 면역반응)를 만들어 내는 것이다. 세포와 항체는 상호 작용을 일으킨다. 이 상호 작용의 결과로, 예를 들면 병원성 미생물은 불활성화되거나 파괴되어질 수 있다. 면역에 관한 현재의 생각은 호주의 생물학자인 F. Burnet의 클론(clone) 선택설에 근거를 두고 있다.

척추동물에 있어서는 여러 가지 크기의 림프구들이 어떤 항원에 대해 특히 예민하게 만들어지는데, 그들 항원 중에는 생물체가 존재하는 환경 조건하에서 그 생물체와 결코 만나게 되는 일이 없는 항원까지도 포함된다. 이것은 림프구의 막에 있는 특수한 수용체의 존재에 기인한다. 이들 수용체는 일정한 항원과 결합한다. 항원은 어떤 주어진 항원에 높은 친화력을 가진 채 림프구를 포함해 면역학적으로 활발한 세포의 클론 발달을 촉진시키는 선택 요소로서 작용한다. 항체는 항원에 의한 일련의 형질전환을 일으킨 림프구에 의하여 만들어진다. 소위 B-림프구라는 것은 분리되지 않으나 항원의 영향하에서 아구(芽球, blast)라 불리는 것으로 전환된 후, 다만 증식만을 위한 분열 능력을 얻게 된다. 아구 부분은 항체를 만들어 내는 형질세포(plasmatic cell)의 클론을 만들기 시작한다. 이들 세포는 더 이상 나누어지지 않으며 수십시간 동안 존재한다.

항원에 의하여 자극된 B-림프구들은 면역기억에 관한 세포의 클론으로 또한 변형된다. 만약 생물체가 이미 항원과 상호 작용을 일으켰다면 이차적 면역반응은 보다 강해지고 보다 빨리 일어난다. 이것이 면역기억의 현상이다. 그것은 일차적인 B-림프구에 대한 것과 유사한 방법으로 반복되는 항원성 자극에 대해 반응할 수 있는 세포수의 증가와 결부된다.

체액성 면역에 관한 물리수학적 모델이 만들어져 왔다[19, 35]. 그 모델은 B-림프구, 항원, 항체수에 관한 잠정적인 변화를 비선형 미분방정식 체계의 도움으로 기술하고 있다. 항원의 증식 능력이 고려되어진다. 이 방정식은 자체촉매적 화학 반응의 반응속도론을 기술하는 Volterra 방정식이나 Lotka 방정식과 비슷하다. 그러나 직접적으로 지연시간을 고려하는 것이 필요하다. 즉, 항체의 생성률은 B-림프구에 의하여 결정된 현존하는 혈장세포의 수에 비례하며, 고려하였던 지연시간보다 빠른 순간에 촉진되어진다. 비슷한 상황이 기억세포에 대해서도 존재한다. 이 모델의 조사 연구는 지연 시간과 같은 변수에 좌우되면서 전염병이 있는 동안 다양한 상황이 나타날 수 있음을 보여 준다. 첫째로, 그 체계는 병의 발생이 없이 일정량의 항원을 유지하는 경향이 있다. 이것은 감염체의 상태이다. 둘째로 항원량의 주기적인 변화가 가능한데, 이것은 병의 주기적인 진행을 의미한다. 셋째로 최대한도의 항원량을 지나서 영으로 가는 경향이 있는데 이것은 회복을 의미한다. 그리고 넷째로 어느 순간부터 항원량은 제한없이 증가할 수 있다. 이것은 감염 상태의 발달을 의미하며 환자의 죽음을 의미한다.

그래서 물리수학적 연구는 치료의 최적 조건을 찾는 데 있어 의학의 일부 실제적인 문제에 접근할 수 있다. 예를 들면 면역 왁친의 도입은 항체의 최대량이 이미 생물체내에 형성되었을 때 가장 큰 효과를 나타낸다는 것이 알려져 있다. 초기의 왁친 처치나 항생제 처치는 면역반응을 약하게 하여 병이 악화될 가능성이 높다.

이 모델은 약한 만성 전염의 경우에, 그 치료 방법 중의 한 가지가 병을 보다 악화시키는 고의적인 전환이 될 수 있다는 것을 보여 준다. 그래서 면역반응이 활성화될 수 있고 항원의 전체적 감소 확률이 증가될 수 있게 된다.

제12장

생물의 발달과 정보이론

진화에 대한 생물학적 이론은 정보이론의 언어로 번역될 수 있다. 이 일은 Schmalhausen[36]에 의하여 수행되었으며, 매우 유익한 결과를 낳았다. Schmalhausen은 정보의 양만을 다루는 정보 정규이론을 사용하여 진화의 과정을 결정하는 직접적이고 피드백적인 연결을 밝혀내어 사실을 보다 명확하게 했다. 그러나 그는 보통의 정보이론으로서는 생물학에 대해서 아주 불충분하다는 것을 강조하였다. 일상적인 이론은 그 의미와는 관계없이 어떤 메시지에 포함된 정보량만을 다루고 있을 뿐이다. 우리는 어떤 질문에 대한 '네' 또는 '아니오'라는 대답에서, 즉 둘 가운데 하나를 택하는 이원론적인 해결의 경우에 있어서 한 비트의 정보를 얻게 된다. 그래서, 우리는 동전을 던질 때나 또는 열역학 제2법칙이 생물계에 적용될 수 있는지 아닌지에 대한 질문에 답을 할 때에 우리는 이 문제에 대해 아무 것도 알고 있지 못하면 한 비트의 정보를 얻게 된다.

물론 우리는 만약 두 가지 대답이 똑같은 확률을 가진다면, 즉 우리가 그 문제에 대하여 예비 지식을 갖고 있지 않다면 한 비트만을 갖게 된다. 그 메시지의 내용으로부터 전체적인 분류는 정보이론의 장점이 된다. 이 이론은 특히 통신 채널의 전달 용량을 계산하는 데에 이용된다. 만약 주어진 선에 의하여 배달될 수 있는 일정한 길이의 전보수를 계산하면서 전보의 내용을 설명해야 한다면, 분명히 그 이론은 전체적으로 무용하게 될 것이다.

마찬가지로 보통의 정보이론은 정보수신을 다루지 못한다. 다만 받는 사람은 한 글자를 다른 글자와 구별지을 수 있다는 점만이 추정될 수 있다. 다시 말해서 그 사람은 '네'와 '아니오' 사이의 차이점을, 혹은 동전의 양쪽면 사이의 차이점을 알게 된다. 그러나 그 능력은 매우 제한되어 있다.

분명히 그러한 정보이론은 생물학에는 유용하게 쓰여질 수 없다. 예를 들면, DNA에 의하여 수행되는 유전적 메시지에 관한 정보를 조사하는 데 있어서, 생물학을 위해 중요한 것은 단백질 합성을 프로그래밍 하는 DNA의 기능이지, 쉽게 계산될 수 있는(9장 참고) DNA내에 있는 정보량은 아니라는 것을 우리는 알게 된다. 여기에서 관심을 갖게 되는 것은 정보의 양이 아니라 질이다. 그러므로 메시지내에 있는 정보의 내용이나 가치가 구체적인 생물학적 과정에 적용된다.

정보의 가치는 메시지 수신에 의하여 야기된 사건에 의해서 결정된다. 그러므로 그 가치는 다만 수령의 결과로만 평가될 수 있다. 수령은 수신 체계의 변화를 의미한다. 만약 그 체계가 메시지 작용하에서 변하지 않는다면 그때는 전혀 수신이 없는 것이다. 실제로 정보 수신은 불안정한 상태에 의해 특징지어지는 비평형계에서 나타나는 비가역적 과정이다. 정보 수신은 하나의 체계를 불안정한 상태에서 비교적 안정한 상태로 전환시켜 준다.

수신은 여러 다양한 수준에서 일어나는 과정이다. 정보의 가치는 수신의 수준에 좌우되며 어느 주어진 메시지는 어떤 한 수신자에 대해서는 높은 가치를 지닐 수 있으나 다른 수신자에게는 아무런 가치도 지니지 않을 수도 있다. 그러므로 정보량에 관한 정의처럼 정보 가치에 대한 일반적인 정의를 얻는다는 것은 불가능하다. 그러나 우리는 정보의 가치를 그 정보의 여유도와 관련지을 수 있다.

어느 주어진 수준에서 비여분 정보, 즉 수신자에게 아직 알려지지 않았지만 인지될 수 있는 정보만이 어떤 가치를 지니게 된다. 여유도의 의미란 무엇인가? 언어학의 도움으로 이 개념을 설명해 보자. 만약 어떤 한 언어에 있어서 서로 다른 글자수 N만이 알려져 있다면 이때의 글자당 정보량은 다음과 같다.

$$I_1 = \log_2 N \qquad (110)$$

소련어에서는 N이 32이므로 I_1은 5비트가 된다. 이것은 수령의 첫번째 수준이다. 그 다음 수준에서 서로 다른 글자의 출현 확률이 p_i인 언어의 기본 구조가 알려진다(예컨대 영어에서 y라는 글자는 a라는 글자보다 훨씬 드물게 나타난다). 글자당 정보량은 Shannon의 공식에 의해서 계산될 수 있다.

$$I_2 = -\sum_{i=1}^{N} p_i \log p_i \qquad (111)$$

여기서 확률 p_i는 규격화되었으므로 그 합은 1이 된다.

$$\sum_{i=1}^{N} p_i = 1 \qquad (112)$$

$I_2 < I_1$, 즉 각 글자의 출현빈도에 대한 예비정보가 있을 때 글자당 정보량이 감소된다는 것을 나타내는 일은 용이하다. 이 수준에서 메시지는 여분 정보를 갖는다. 여유도는

$$R_2 = 1 - \frac{I_2}{I_1} \tag{113}$$

으로 주어지게 된다.

여유도 R_2는 도달되는 정보 I_1에 대한 시스템에 의해 인지되는 정보 I_2의 단위원과 비율 사이에서의 차이를 보여 준다[37].

다음 수준에서는 글자 사이에서 짝으로서의 상관관계가 고려된다(그래서, 소련어의 경우 모음글자는 또 다른 모음글자의 뒤를 따르기 보다는 자음글자의 뒤를 보다 많이 따르고 있다). 이때에는 삼중의 상관관계가 고려되어질 수 있다. 여유도는 이들 수준의 서열에 따라 증가한다.

$$R_j = 1 - \frac{I_j}{I_1} \tag{114}$$

그래서 영어에 있어서는 다음과 같고

I_1	I_2	I_3	I_4	⋯	I_6	⋯	I_9
4.76	4.03	3.32	3.1	⋯	2.1	⋯	1.9 bit

여유도는 다음과 같다.

R_1	R_2	R_3	R_4	⋯	R_6	⋯	R_9
0	0.15	3.3	0.35	⋯	0.56	⋯	0.60

이것은 9번째 수준에서 메시지내에 포함된 글자의 60%가 여분을 갖게 됨을 의미한다. 나머지 40%로써 그 메시지를 이해하는 데 충분하다. Jules Verne의 〈그란트 선장의 아이들(*The Children of Captain Grant*)〉에서 나오는 병 속에 있는 글자의 문맥이 어떻게 판독되는가를 기억해 보자. 대부분의 글자가 물에 씻겨졌으나 남아 있는 글자로도 그 문맥을 완전하게 회복시키는 데에 충분하였다.

수신 수준의 증가는 정보의 여유도를 증가시켜 그 메시지의 남아 있는 비여분 요소의 가치, 즉 비대체성을 증가시킨다. 우리는 지금 정보의 가치에 대한 정의를 공식화할 수 있게 되었다. [38]

메시지가 n_1글자를 갖는다면 정보량은 $n_1 I_1$이다. 다음 수준에서의 비여분 정보량은 $n_1 I_2$가 되어 적어진다. 우리는 글자당 정보량의 감소를 메시지내에 있는 글자수를 감소시킴으로써 대치시킬 수 있다.

즉,

$$n_1 I_2 = n_2 I_1 \tag{115}$$

임을 가정하게 된다. 효과적인 글자수는

$$\frac{I_1}{I_2} = \frac{1}{1-R_2}$$

만큼 감소하고, 한 글자당 정보는 같은 배수만큼 증가되었다. 우리는 동일한 방법으로 정보의 상대값을 정의하게 된다. 그래서 수신의 다음 수준에서의 상대값들은

$$\frac{I_1}{I_2}, \frac{I_1}{I_3}, \cdot \cdot \cdot \frac{I_1}{I_j}$$

이 되고. 영어에 있어서 이들 숫자는 다음과 같다.

1, 1.18, 1.43, 1.54,… 2.28,… 2.50

수준의 증가는 메시지의 비여분 요소의 가치(혹은 비대체성)의 증가에 대응된다.

상응하는 생물학적인 예를 생각해 보자. n개의 고리를 갖는 DNA 가닥 내에 있는 정보량은 다음과 같이 정의될 수 있다.

$$\begin{aligned} I_1 &= n \log_2 N \\ &= n \log_2 4 \\ &= 2n \text{ bit} \end{aligned} \tag{116}$$

이 정보는 만약 대응하는 유전자가 억제되지 않는다면, 단백질 합성에 대해 유용하다. 명백히 그 가치는 단백질이 합성되는 체계의 불안정성에 직접적으로 관련이 된다. 만약 DNA 가닥이 그 체계내로 도입된다면, 일정한 사슬이 만들어질 것이다. 단백질 사슬의 정보량은 DNA의 경우보다 더 적다.

$$\begin{aligned} I_2 &= \frac{n}{3} \log_2 N' \\ &= \frac{n}{3} \log_2 20 \\ &= 1.44n \text{ bit} \end{aligned} \tag{117}$$

정보량의 감소는 암호의 축중(縮重, degeneracy)에 기인된다. 여유도는

$$R_2 = 1 - \frac{I_2}{I_1}$$
$$= 0.28 \qquad (118)$$

이 되며 I_2와 I_1 값의 비는 1.39 : 1이 된다. 다음 수준에서 우리는 단백질 성질의 현저한 차이가 없는 아미노산 잔기의 치환을 고려해 볼 것이다. 만약 그 잔기들이 비슷하다면 단백질의 소수성은 크게 다르지는 않을 것이다. 그와 같은 대체는 실제로 가능하다. 5개의 상호 대체가 가능한 아미노산이 있다고 가정해 보자. 그러면 우리는

$$I_3 = \frac{n}{3} \log_2 16$$
$$= 1.33n \text{ bit} \qquad (119)$$

를 얻게 된다.

이 수준에서의 여유도는 다음과 같다.

$$R_3 = 1 - \frac{I_3}{I_1}$$
$$= 0.33 \qquad (120)$$

그리고 I_3, I_2, I_1 값들의 비는 1.50 : 1.39 : 1.00이 된다. 일부 단백질의 대체 가능성을 고려해 볼 때, 우리는 더욱 증가된 정보의 가치를 얻게 된다. 정보의 가치는 많은 문헌에서 논의되었다. [19, 38~41].

우리는 체계내로 들어가는 정보의 수령과 체계내에서의 새로운 정보의 창조를 구별해야만 한다. 돌연변이를 제외하고서는 어떠한 새로운 정보도 Eigen의 모델에서는 창조되지 않는데 그 대신에 미리 존재하는 정보나 가치는 밝혀진다. 이 모델은 선택적인 가치를 다루고 있다. 대조적으로 비대칭 고리들의 선택에서는 새로운 정보가 불안정한 정상상태로부터 우연한 편차의 결과로서 체계내에서 창조되어진다.

Quastler[42]에 따르면, 새로운 정보의 창조란 우연한 선택을 기억하는 것이다. 이것은 무엇을 의미하는가? 그는 다음의 예를 제시한다. 한 사람이 자신의 수화물을 자동화된 수화물 보관소에 남겨 놓는다. 그는 어떤 임의의 숫자로 된 암호를 선택하고 그것을 기억한다. 이 암호를 알아야만 그는 보관소 문을 열 수 있다. 이로써 정보가 창조되었다.

생물학에서 새로운 정보는 유성생식의 결과로서 모든 새로운 개체의 시작에서 만들어진다. 예기치 않은 유전자의 재조합이 나타나기도 한다. 유성생식이야말로 진화를 위하여 무한한 재료를 제공하여 주는 매

우 광범위한 변이의 원인이 된다.

새 정보는 인간의 창조적인 활동에 의하여 만들어진다. 위대한 러시아의 시인 Alexander Blok는 다음과 같이 썼다. "시인이란 조화의 어린아이이며, 그 아이는 세계 문화에 있어서 어떤 역할을 하고 있다. 그는 세 가지 임무를 부여받고 있는데 첫째 어떠한 시작점도 갖고 있지 않는 자연적 요소로부터 자유롭게 음을 만들어 내는 것이며, 둘째 이 소리를 정돈시켜 조화를 이루어 어떤 형태를 갖게 하며, 셋째 이 조화를 외부 세상에 알리는 것이다."[43]

만약 우리가 시적인 낱말을 단순히 정보이론의 언어로 번역한다면, 시인의 첫번째와 두번째의 임무는 새 정보의 창조라는 점이 분명해진다.

생물계는 정보수신의 수준에 있어서 체계적 구조에 의해 현저하게 특징지어진다. 개체 발생 과정에 있어서 정보를 주는 메시지는 분화되고 대체될 수 없는 것이 되어 정보는 가치가 부여된다. 동시에 정보량은 보다 높은 조직화의 수준에서 증가가 일어난다. 즉, 최초의 유전정보와 함께 새로운 정보가 뉴클레오티드 자체의 서열에 의해서만 아니라, 세포구조에 조직화와 생물체의 형태에 의해서도 창조되며 해독된다.

발생생물학에서 뛰어난 실험이 행해져 왔다. 예를 들면 영원(newt)의 배에서 서로 다른 부위들의 특성이 알려져 왔다. 배발생의 초기단계에서 어느 일정한 부위가 눈의 형성에 참여한다는 것이 밝혀졌다. 이 부위는 예정상의 눈으로 불려질 수 있다. 만약 이것이 보다 높은 발생단계에 있는 배에 이식된다면 눈의 운명은 이식부위에 의해 좌우될 것이다. 숙주의 머리부분에서는 이것이 뇌 혹은 눈을 형성하나 다른 부위에 이식되면 그것은 정상적인 발생 과정에 따라 그들 부분에서 나타나는 다른 기관을 형성한다. 그러나 만약 그 부위가 보다 낮은 발생 과정에 있는 배로부터 취해진다면 이것은 이식되는 부위가 어느 곳이건간에, 꼬리부분이나 발부분에서도 눈만을 형성하게 된다. 그 예정의 눈은 이미 결정된 것이다.

그래서 어떤 주어진 구조에 대한 정보의 가치와 비대체성은 생물의 발생 과정에 따라 증가한다. 같은 내용이 어류, 양서류, 조류 및 포유류의 초기 배의 유사성과 발생을 계속하는 동안에 증가되는 다양성과 분화에 의해 알려졌다.

생물의 진화에서도 비슷한 과정이 나타나고 있다. Darwin에 따르면 종의 분기(divergence)는 종의 생태적, 성적 불양립성에 의해 비대체성이 증가하므로 정보의 가치를 갖게 된다. 우리는 그 가치가 개체발생과 계통발생에서 증가한다는 결론에 도달하게 되었다.

정보의 가치에 대한 이러한 개념들은 예술적인 정보를 포함한 모든 종류의 정보에 적용시킬 수 있게 되었다. 예술적인 정보수신은 항상 일정한 수준의 예비훈련과 관련되어졌다. 만약에 내가 시 속에 쓰여진 언어를 알지 못한다면 나는 시를 읽을 수 없을 것이다. 그러나 이것만으로도 충분하지 못하다. 불안정성이 틀림없이 존재할 것이며, 이 경우에는 이 시를 읽기 위한 열망, 즉 목적이 있을 것이다. [38, 44]

우리는 정보를 그것의 비대체성에 따라 평가하며, 그리고 메시지 기본 요소의 가치를 치환시켰을 때 얻어지는 결과에 의하여 정의한다. 기본 요소의 치환에 의해 수용 체계내에서 생겨난 변화가 크면 클수록 그 요소의 가치는 더욱 높아진다. 이러한 의미에서, 예술적인 문장에서의 한 낱말의 가치는 과학적인 문장에서보다도 높아진다. 똑같은 주제이지만 다른 낱말로 표현될 수 있다. 그러나 훌륭한 시에서는 단 하나의 낱말의 치환조차도 그 시의 전체적인 정보의 구조를 변화시킬 수 있다. 이러한 관점에서 유전암호를 생각해 보자. [19, 45]

코돈 xyz(7장)에 있어서 한 글자의 치환은 점 돌연변이를 의미한다. 많은 경우에 있어서 그러한 치환은 해독되는 아미노산을 변화시킨다. 이 변화가 만일 소수성의 변화를 크게 나타낸다면 단백질의 성질에 많은 영향을 끼치게 된다. 마찬가지로 코돈내에 있는 x, y, z들의 모든 가능한 치환에 기인하는 아미노산의 소수성의 평균적인 변화가 크면 클수록 코돈의 가치는 높아진다. 이 변화는 소수성의 특징지어 주는 값, 즉 몰당 킬로줄로 표현될 수 있다. 아미노산의 소수성이 표 6-1에 열거되어 있다. 이들 자료와 표 7-1에 있는 유전암호를 이용하여 우리는 관계값을 얻게 되며, 이것들이 표 7-1에 제시되었다.

우리는 한 아미노산에 관련이 되는 축중 코돈의 가치가 다르다는 것을 알고 있다. 그래서 글리신에 관련이 있는 GGA, GGC, GGG 및 GGU 코돈 들은 1.7, 1.4, 2.5 및 1.4의 가치를 갖고 있다. 트립토판에 관련이 있는 가장 가치가 있는 코돈은 UGG이며, 이 코돈의 돌연변이는 특히 커다란 소수성의 변화를 일으키기 때문에 매우 해롭다.

세 개의 코돈 UAA, UAG, 그리고 UGA는 터미널로서 단백질 가닥을 끊는 데 관련되어 있다. 그러므로 이들 코돈을 만들어 내는 돌연변이는 특히 위험하다. A가 G로 그리고 G가 A로 치환되는 확률이 높게 나타날 수 있다. 그래서 UGG 코돈은 매우 높은 가치가 있다. 이 코돈에 관한 9개의 점 돌연변이 중에서 두 개의 점 돌연변이는 터미

널 코돈을 나타내게 되며, 이들 돌연변이는 A→G의 치환이다.

UGG→UAG

UGG→UGA

다른 종들과 동질의 단백질을 갖고 있는, 즉 돌연변이 단백질과 같은 많은 단백질의 1차구조가 알려져 있다. 예를 들면, 많은 척추동물의 헤모글로빈 구조와 돌연변이체인 인간의 헤모글로빈에 있어서의 일련의 서열이 밝혀져 왔다. 그러한 자료를 이용하여 Bachinsky는 단백질에서 아미노산의 상호 대체성에 관한 표를 얻어냈다. 이 표를 기초로 해서 아미노산 잔기의 가치 척도가 그것의 비대체성에 따라 설정되고 배열될 수 있다. 아미노산 잔기의 치환이 적으면 적을수록 그 아미노산 잔기의 가치는 커진다. 코돈에 있어서 단지 하나의 치환만이 고려되어질 수 있다. 코돈을 축중시키는 데 관련되는 자료들이 요약되고 표준화되었다. 표 12－1에 이들의 관계값이 주어져 있다. 가장 가치있는 아미노산 잔기들은 Trp, Met 및 Cys이고, 가장 가치가 적은 아미노산 잔기는 Gly, Val 및 Ala이다.

이 자료들은 아미노산 잔기와 코돈을 아미노산의 소수성보다 더 잘 특정지어 준다.〔19, 45〕

진화 과정에 있어서 가치의 성장에 대한 주제를 조사해 보도록 하자. 헤모글로빈 계통수에서의 치환과 아미노산 잔기에 대한 값들과의 비교는 아무런 합리적 결과도 나타내지 못한다. 사람의 헤모글로빈과 일단의 척추동물 헤모글로빈에 대한 값의 개략적인 차이는 어떤 규칙성이 없이 양의 값이거나, 혹은 음의 값이기도 하다. 이것은 놀랄 만한 일이 아니다. 비슷한 유연관계에 있는 종의 헤모글로빈조차도 많은 아미노산 잔기의 차이를 나타내며, 서로 관계가 있는 특징의 개요도

〔표 12－1〕 **아미노산 잔기의 비대체도를 나타내는 편의 값**

1. Trp	1.82	11. Glu	0.76
2. Met	1.25	12. Ile	0.65
3. Cys	1.12	13. Ser	0.64
4. Tyr	0.98	14. Pro	0.61
5. His	0.94	15. Arg	0.60
6. Phe	0.86	16. Leu	0.58
7. Gln	0.86	17. Thr	0.56
8. Lys	0.81	18. Gly	0.56
9. Asn	0.79	19. Val	0.54
10. Asp	0.77	20. Ala	0.52

헤모글로빈에 대해서 명백히 어떤 의미를 갖고 있지 않다.

반대로 매우 오래되었으며 보편적으로 존재하는 단백질, 시토크롬c의 아미노산 조성에 관한 비교가 오히려 도움이 되고 있다. 표 12-2에 이에 대한 자료가 제시되어 있는데, 이 표는 여러 종류의 포유동물의 시토크롬c와 사람의 시토크롬c에 있어서 아미노산 잔기의 값의 합 사이의 차이를 보여 주고 있으며, 또한 여러 종류의 조류 시토크롬c와 펭귄의 시토크롬c 사이에서도 비슷한 차이를 보여 주고 있다. 마이너스 부호는 사람이나 펭귄보다 작은 값을 갖는다는 것을 나타낸다.

대체적으로 시토크롬c의 가치의 서열은 진화의 서열을 재생시키고 있다. 그 가치는 계통발생학적 과정에서 증가한다.

우리는 이들 자료를 논의해야만 한다. 왜 포유동물 중에서 사람의 시토크롬c의 가치가 가장 높은가? 시토크롬c는 호흡효소로서 뇌의 발달과는 아무런 관계가 없다.

보다 가치 있는 아미노산 잔기들은 보다 더 비대체적이다. 그러므로 이것들은 치환에 대해 매우 안정하다. 시토크롬c의 가치 증가는 보다 긴 진화를, 보다 많은 아미노산 잔기의 돌연변이적 대체를 반영한다. 사람은 다른 동물보다도 긴 진화의 경로를 거쳤다.

Kimura는 분자 수준에서, 표현형 단계에 작용하는 자연선택은 없다는 것을 보여 주었다. 핵산과 이에 대응하는 단백질의 돌연변이는 주로 중립적이며, 생물 고분자의 1차구조에서 나타나는 진화상의 변화들은 우연한 유전자 이동의 결과이다. 이 중립적인 이론을 찬성하는 주된 논의는 일년(또는 백만 년)당 아미노산 치환수에 의하여 표현된 단

〔표 12-2〕 시토크롬c의 아미노산 잔기의 합의 차이

포유동물		새	
인간	0.00	펭귄	0.00
벵골원숭이	−0.10	병아리	−0.05
당나귀	−0.34	에뮤	−0.30
말	−0.43	오리	−0.30
돼지	−0.58	비둘기	−0.58
토끼	−0.66	거북*	−1.30
고래	−0.88		
캥거루	−0.88		
개	−1.06		
코끼리	−1.22		
박쥐	−1.24		

*거북이는 파충류나 조류와 비교하는 것이 유효하다.

백질 진화율에 관한 대체적인 불변성에 있다. 이 율은 다른 단백질에 대해서는 다르다. 시토크롬c보다는 헤모글로빈에 대해서 매우 높으며, 가장 작은 율을 나타내는 것은 히스톤에 대한 것이다. 이것은 기능적인 구속이 분자상의 진화율을 감소시킨다는 것을 뜻한다.〔46〕

중립작용 이론은 '반다윈주의'로서 강하게 비평을 받았다. 그러나 이 비평은 확신에 의한 것이 아니며, Kimura는 이것에 대해 적절한 대답을 하였다〔46〕. 실제로 Kimura의 진화론과 Darwin의 진화론 사이에는 모순이 없다. 우리는 이제 중립작용에 관한 구체적인 의미를 이해하려고 한다.

유전자는 다만 단백질의 1차구조를 암호화한다. 자연선택은 그것들의 표현형 단계에서, 또한 생리적 기능단계에서 영향을 준다. 단백질의 1차구조와 그것의 기능 사이에 아무런 상관관계도 없다면, 분자생물학은 의미가 없을 것이다. 물론 상관관계는 존재하나 애매모호하다.

사실 우리는 두 가지 상관관계에 대하여 이야기해야 한다. 1차구조와 공간구조 사이의 상관관계, 그리고 단백질의 공간구조와 그것들의 생물학적 기능 사이의 상관관계가 그것이다. 전자의 상관관계는 모호하고 퇴화하였다는 것이 알려졌다. 즉, 다양한 아미노산의 서열이 단백질의 동일한 구조를 갖는다는 것을 글로빈의 경우에 분명하게 보여주고 있다. 두번째의 상관관계도 모호하다는 것은 근거가 있다. 그러므로 중립작용은 생물 고분자의 1차구조의 퇴화를 의미한다.〔47〕

중립작용의 이론은 앞으로 더 발전되어야 한다. 현재까지는 다만 단백질의 아미노산 조성만이 고려되어 왔다. 그러나 단백질 분자는 대체적으로 말하자면 두 개의 부분체계로 구성되어 있는 복잡한 구조이다. 단백질 분자 주위에 있는 활성부위와 그 나머지의 단백질 부위이다. 첫번째의 부분체계가 두번째의 부분체계보다 훨씬 강한 제약을 받는다. 그러므로 중립 돌연변이는 첫번째의 부분체계보다 두번째의 부분체계에서 보다 많이 있을 수 있다. 능동적 부분체계는 주로 Darwin설이고, 수동적 부분체계는 주로 Kimura설이다. 두 부분체계의 상대적인 역할은 다른 단백질에 대해서는 다르다. 헤모글로빈은 시토크롬c보다 더 Kimura설 쪽이고, 히스톤에서는 전단백질 분자가 하나의 능동적 부분체계로서 간주될 수 있다. 이것은 정보 가치의 관점에서 본 헤모글로빈과 시토크롬c의 서로 다른 행동에 관한 설명이다.

정보량은 또한 생물체의 발달과정 동안에 증가한다. 발달은 단순한 것으로부터 복잡한 쪽으로의 경향을 나타낸다. 메시지의 복잡성이란 "메시지의 전달과 수신을 단순화하는 어떠한 연산방식의 부족으로 인해 짧은 형식으로 그 메시지를 프로그래밍할 수 없음"으로 정의할 수 있다. 이 정의는 Kolmogorov와 Chaitin[48]에 의하여 상세하게 설명되었다. 달리 말해서 복잡성은 비여유도, 즉 메시지의 기본 요소의 비대체성을 의미한다. 복잡성은 정보의 가치와 부합된다.

가치 있는 정보를 선택하기 위한 발달과정에 있는 생물계의 능력은 그 발생 과정 중에 증가한다. 세포와 조직의 상호 대체능력과 구조의 단순성과 결부된 적응 가능성의 상실은 자율적이며, 복잡화된 체계의 활동성 있는 장점에 의하여 보상된다. 외부 영향에 대한 체계의 높은 독립성은 가치있는 정보의 선택 결과로 일어난다. 선택능력은 특히 고등동물의 경우에서 높게 나타나며, 이 동물의 감각기관은 바로 이와 같은 목적에 일치되어 있다. 개구리는 움직이는 곤충에만 반응하며, 초음파 신호를 이용하는 박쥐나 돌고래 등은 반사되어 오는 신호만을 수신할 뿐, 직접 오는 신호는 받아들이지 않는다.

여러 해 동안 문헌에서 생물계의 '반엔트로피성(antientropicity)'에 관한 이야기가 많이 있었다. Maxwell 도깨비의 성질을 소유하는 것으로서 생물계를 기술하려는 시도가 있었다. 이 성질은 에너지의 소비가 없이 자신의 엔트로피를 낮추고 주위 매체로부터 정보를 받아들이는 능력이 있다는 것이었다. 이런 불합리한 아이디어들은 열역학 제 2 법칙을 부정한다. 우리는 하나의 큰 격리된 체계내에 포함된 몇 개의 부분체계에서 엔트로피가 증가함으로써 정보가 얻어진다는 사실에 항상 주의를 기울여야 한다. 그래서 액체가 얼고 있는 동안에(이것은 엔트로피의 감소와 정보량의 증가를 의미한다) 냉동장치의 엔트로피는 증가하고, 그로 인해 냉각장치는 더워진다. 열역학 제 2 법칙에 따르면 이 엔트로피의 증가는 얼고 있는 액체의 엔트로피의 감소를 초과하므로 순엔트로피의 증가가 일어난다.

이미 언급했듯이 한 비트의 정보는 $k\ln 2$의 엔트로피에서의 변화와 같은 값이다. 이것은 $kT\ln 2$의 에너지가 소비되어야 하는 것보다 적지 않은, 한 비트의 정보를 수신함을 의미한다.

그러나 $kT\ln 2$는 정보 가치와는 무관한, 즉 가치 있는 정보와 여분의 그리고 대체 가능한 정보 둘 모두에서 어떤 한 비트의 정보에 대한 '지불'이 되는 것이다. 가치 있는 정보의 선택은 어떤 부가적인 에너지의 소비를 필요로 하지 않는다. 이것은 다만 일정한 크기와 형태를 갖는 분자나 이온만이 투과할 수 있는 막내에 있는 채널 구조로 충분하다. 막에서 수용부위거나 또는 분화된 채널 형성과 관련된 에너지 소비는 진화의 점증적 단계에서 오래전에 만들어져 왔다.

정보이론의 관점으로부터 본 생물체의 중요한 특징들은 어떤 부가적 소비가 없이 새 정보를 만들어 내고 가치 있는 정보를 선택할 수 있는 능력이다.

우리는 물리학이 생명 현상을 이해시키는 데 있어서 많은 기회를 제공하고 있음을 알고 있다. 생물물리학이 더욱 발전하는 데 제한은 없다. 그러나 아직 시작 단계이므로 많은 난관을 만나게 된다. 다음 장에서는 이들 어려움 중의 하나에 대하여 이야기할 것이다.

제13장

그릇된 생물물리학에 관하여

현대 생물물리학의 개념과 방법, 그리고 추세에 관해 간략하게 검토하였다. 그런데 우리는 생물물리학의 발전에 장애물이 없으리라고 생각할 수는 없다. 동전의 양면이 존재하듯이 진정한 생물물리학은 그릇된 생물물리학과 공존한다. 진정한 과학과 상반되는 사이비 과학은 주의를 요하는 사회 현상이다.

사이비 과학은 쉽게 인식되어진다. 신중한 이론과 실험적 뒷받침을 받지 못한 하나의 생각은 과학적 사고의 주류로부터 밀려난다. 동시에 사이비 과학자들이 일반적인 과학 문제에 관심을 두고 이론과 적용면에서 대변혁을 일으키겠다고 약속하는 듯하나, 그들의 생각은 과장이 심하다. 사이비 과학의 근원은 딜레탕티슴과 무지이며, 견고한 이론과 실험을 무시하고, 나아가서 선구과학을 도외시하는 데 있다. 때때로 사이비 과학자들은 정신적으로 비정상적이다. Gogol의 '광인의 회고록(*Memoirs of a madman*)'에서, 주인공인 Poprishtshin은 자기를 스페인의 왕이라고 주장했는데, 이 책이 현재에 쓰여진다면 위대한 과학자라고 주장할 것이다.

생물물리학도 매우 중요해졌으며, 따라서 시대에 부응하게 되었다. 사이비 생물물리학적 논문들의 출현은 한편으로 물리학과 화학, 다른 한편으로는 생물학, 농학, 의학의 발달이 서로 균형을 이루지 못하고 있음을 반영하는 것이다. 우리가 보았듯이, 확고한 물리학에 바탕을 둔 이론 생물학이 창출되려고 하고 있다. 이 상황에서 마치 생물학, 의학, 농학의 복잡한 문제들을 해결할 수 있을 것처럼 사이비 과학적인 추정을 이용해 물리학과 생물학의 상호 작용에 따르는 어려움을 피하고자 하는 경향이 있다.

농작물 수확에 실패했을 때 사이비 과학이 개입하여 농업 문제를 해결하겠다고 약속한다. 이것이 Lysenko가 성공한 주요인이다.

지난 10년간 몇몇 경향의 사이비 생물학과 사이비 생물물리학이 등장하였으며, 그들을 열거해 보면 다음과 같다.

생물계의 특별한 '반엔트로피성'에 대한 높은 질서도는 9장에서 논의했다. 이 개념은 열역학과 정보 이론에 대한 오해로부터 유래한다.

생물 중합체와 모든 생물계의 특수한 전기적 성질(반전도성 또는 초전도성)은 생물 원형질의 허구적 개념과 관련되어 있다.

물리학에선 알려지지 않았던 생물학 분야의 존재.

특수한 종류의 약한 방사선이 갖는 생물학적 중요성 : '자기 생물학(magnetobiology)'.

생물계에 있어서 물의 특수한 성질, 특히 식물과 동물의 생리학에 대한 '자화수(magnetized water)'의 영향.

이러한 것들은 수없이 많으며 몰상식한 연구의 전형적인 추세이다. 그들을 차례차례 고찰해 보자.

계통발생과 개체발생에 있어서 배열의 진행 사이에 그럴 듯한 대립은 열역학 법칙을 생물계에 적용시킬 때의 부당함에 대한 개념적 근거로 종종 이용된다. 그래서 어떤 책에서는 [49], 생명이 시작됐을 때 자연에 대한 열역학의 적용성은 끝이 났으며, 다만 그 전에 타당했다고 주장한다. 이러한 몰상식한 개념은 9장에서 열거한 주장에서 반박되었다. 우리는 생명 현상을 열역학적으로 다루는 데 한계가 있지만, 이 한계내에서조차도 그리 쉬운 일은 아니다. 물론 열역학은 맞으며, 제2법칙은 인체기관이나 증기기관에 대해 모두 옳다. 전통적인 열역학으로는 충분하지 않다. 생명을 이해하려면 비가역적 열역학과 역학이 필요하다.

비평형 열역학의 그릇된 이해가 다른 성질을 이해하는 데 큰 잘못을 야기시킨다. 선형 비평형 열역학의 공식화로 분화, 형태발생, 그리고 다세포생물의 생장을 설명하려는 문헌상의 시도가 있다(예를 들면 [50]). 우리가 9장에서 보았듯이 선형 열역학은 질서를 유지하는 과정을 다루기에는 적합치 않다. Zotin의 연구[50]는 무게(성장), 형태발생, 분화, 그리고 이에 연관된 '일반화된 힘'의 변화에 대해 일반적인 '흐름'을 도입하는 것이다. 분화를 유도하는 힘은 시간이다. 분명히 그러한 '흐름'은 물리적 의미의 흐름이 아니며, Zotin에 의해 제안된 형식적인 방정식은 아무런 물리적 의미도 주지 못한다. 유일한 논의는 이 방정식에 의해 시간에 따른 동물의 생장 곡선을 얻었고, 몇 개의 변수만 맞춰 주면 실험실내에서의 결과와 일치한다는 것이다. 이 결과는 임상적인 의미만 가질 뿐 초기 가설을 지지하지는 못한다.

종종 우리는 '생물학적 정보'의 특수한 흐름에 대한 주장과 부딪친다. 이러한 개념은 과학적인 정의 없이 도입되고, 그 정보는 물리화학적 과정과 대립되고 전적으로 허구적인 특성을 가진다.

생물 중합체의 특수한 전자기적 성질에 대한 생각은 저명한 생화학자 Szent-Györgyi〔51〕의 책과 더불어 여러 해 전에 나왔다. 그 당시에는 단백질과 핵산의 구조가 충분히 연구되지 않았었다. 그의 두번째 책에서 〔52〕 저자 자신은 첫번째 책을 환상적인 것이라고 규정했다. 그럼에도 불구하고 생물 중합체의 반도체적 성질과 초전도적 성질에 대한 저서들이 계속 나오고 있다.

우리가 보았듯이 중합체 사슬이 공액 π –결합에 의해 이루어져 있다면 그 사슬을 통한 전도가 가능하다. 그러한 사슬은 매우 견고하며, 긴 파장의 스펙트럼(가시광선)을 흡수한다(2장 참고). 그러나 단백질과 핵산의 사슬은 아무런 공액결합도 없다. 그 사슬은 무색이며, 스펙트럼의 자외선부분을 흡수한다. 공액이 없기 때문에 생물 중합체들은 형태적 유연성과 유동성을 갖는다. 그러므로 반도체적 성질이나 또는 형태적 움직임이 나타난다. 분자생물학과 생물물리학으로부터 얻은 모든 자료들이 형태적 유연성에 대한 증거가 되고 있다. 단백질에서 작은 전도율이 나타난 것은 이온 오염 때문이며, 생물학적으로 중요성을 갖는 것은 아니다. 생물 중합체는 유전체(誘電體)이다.

시간이 지남에 따라, 소위 세포분열 유발광선(mitogenetic ray)에 관한 연구들이 나오고 있다. 1920년에 저명한 소련 생물학자 Gurvitch가 이 광선을 발견했다고 주장한 바 있다. 이것은 정확한 물리실험으로 전혀 확증되지 않았으며, 그로부터 10년 동안 과학문헌에 거의 언급되지 않았다. 그러나 1933년에 세포분열 유발광선에 대해 집중 연구를 한 40 편의 논문이 소련에서 출판되었고. 그 밖의 다른 나라에서도 80 편의 논문이 나왔다. 1949년부터 1956년 사이에는 20 편만이 출판되었고, 그후 25년 동안 그 수는 증가하지 않았다. 지질 산화로 인한 동물과 식물의 조직이 공기중에서 내는 약한 방사선을 세포분열 유발광선이라고 자주 이야기한다. 이것은 사실이 아니다. 어떤 유기물질도 산화반응에서 빛을 방출할 수 있다. 이 광선은 생물학에 흥미로운 것이 아니다. 세포분열 유발광선은 대사작용의 갑작스런 장애 (예를 들면 냉각에 기인하는)나 시스템 세포들의 공간분포에 있어서 기계적인 혼란 때문에 방출된다고 주장되었다. 이러한 비존재 광선을 세포분열 유발 광선이라고 부르게 되었다. 왜냐하면 그들이 아마도 세포분열을 촉진시키기 때문이다.

세포분열 유발광선의 슬픈 이야기는 '생물학적 정보'를 전달하는 신비한 물리적 성질을 갖는 보이지 않는 광선에 대한 출판물들이 발표되는 것을 멈추게 하지 못했다. 여기서 우리는 환상적 신비와 접하게 된다. 뇌에는 초감각적 인식을 결정하는 Chizhevsky의 Z선과 Vassiliev의 중간미자 방사선이 있다. 최근에는 죽어가는 세포에서 방출되는 Kaznacheev의 '죽음의 광선'이 발표되었다. Kaznacheev는 바이러스에 감염되어 죽어가는 세포들이 어떤 자외선을 방출하며, 그 광선을 감염되지 않은 세포들이 흡수하면 죽게 된다고 주장하였다. 이런 광선들은 물리적 방법으로는 측정하지 못했다. 앞에 설명한 과정은 기본적 논리에 어긋난다. 세포의 죽음이 광선을 유발한다고 가정하더라도 건강한 세포가 이 광선을 흡수했을 때 왜 죽게 되는지 이해할 수가 없다. 정확한 실험들에 의해 이러한 주장들은 반박되었다.

물리학에 있어서 '보이지 않는 광선'은 새로운 것이 아니다. Röntgen의 위대한 발견 후 일련의 보이지 않는 광선이 밝혀졌다. Robert Wood에 관한 Seabrook의 저서〔53〕는 Wood가 소위 Blondlot의 N선과 관련된 허위성을 어떻게 벗겼는지를 설명했다. 생물학적 현상은 매우 복잡하다. 따라서 Wood가 저질렀던 것과 같은 그릇된 일을 실험적으로 파헤치기는 어렵다.

생물체가 전자파를 수용한다는 보고도 있었다. 그 보고들은, 곤충의 신호는 전자파의 도움으로 생겨난다고 주장한다. 그러나 이런 신호가 분자적 특성이라는 것이 오래전에 밝혀졌다. 즉, 상응하는 물질(pheromone)이 추출되었고 그 구조가 밝혀졌다. 100여 년 전 위대한 박물학자인 Fabre는 Saturnia 나비의 수컷은 암컷의 화학분비물쪽으로, 즉 암컷이 앉아 있었던 잔 가지와 심지어 그 잔 가지가 있었던 의자에까지도 날아간다는 것을 보여 주었다.〔54〕

또한 정신감응(telepathy), 염동작용(telekinesis), 그리고 다른 신비를 설명하는 '생물학적 라디오 통신'〔55〕에 대한 유사한 생각이 있다.

생물학에서는 Galvani의 유명한 실험이나 신경 흥분의 전도에 관한 역사적인 사건이(막 이론) 있었음에도 불구하고, 전기나 자기에 대한 이해는 매우 불충분하였다. 그 이유는 세포나 조직 같은 복잡한 체계에서 전기적이고 자기적인 측정은 지식과 솜씨가 충분하지 않다면 인위적 산물을 만들어 낼 수 있기 때문이다.

어떤 책〔56〕에서는 신체의 표면에 이온(양 또는 음이온)들이 운집한다고 기술하고 있다. 인간은 초과된 이온을 처치하기 위하여 그의 몸과 땅을 연결하는 것이 건강에 이롭다. 밤에 구리선으로 중앙 가열전지와 자신을 연결하는 사람들이 있다. 이 모든 것은 과학적인 근거를 가지고 있지 않다. 결코 적합하고 믿을 수 있는 전기적 측정이 행해지지는 않았다. 의학에 대한 이런 가설적 하전의 중요성은 매우 의심스

러운 것이다.

그러면 자기성에 관련된 비과학적 생각의 예들을 언급하기로 한다.

대중 과학에 힘을 쏟아 온 학술지에서 자기장이 세포와 생물에 강한 영향을 주는 '교류 자기장의 효과'와 자기장의 수평적 투사만이 생물학적 효력을 지닌다고 설명하는 논문이 발표되었다. 이것은 약 10^9의 '기초적 생물 분자'를 갖고 있는 세포에서 일어나는 사건에 따라 설명될 수 있다. 이런 분자들의 고리를 따라 전자의 연속운동이 일어난다. 한 생물 분자는 축이 수평으로 향하는, 즉 중력에 수직인 자이로스코프와 비슷하다. 바로 이것 때문에 생물 분자의 전자들은 자기장의 수평성분에 의해 영향을 받는다. "생물학적 대상에서 정보는 외부적 작용에 의해서가 아니라 자신의 변화에 의해 생겨난다".

이 모든 것이 결코 과학일 수는 없다. 자연 상태에는 전자의 원운동을 갖는 '생물 분자'가 없다. 세포에서 우리는 단백질, 핵산, 탄수화물, 지질, 작은 분자, 이온, 그리고 무엇보다도 물과 접하게 되지만 '생물 분자'와 만나지는 않는다. 하나의 세포에서 '방향성이 있는 전자의 운동''은 미토콘드리아와 엽록체의 막에서 방향이 있는 산화—환원 반응의 의미로서만 일어난다. '생물 분자'들이 실제로 존재한다 할지라도 열운동에 의해서 방해를 받기 때문에 중력이나 자기장에서 방향이 정해질 수 없다.

이런 효과에 대한 무슨 확증이 있는가? 의학적 관찰 결과 태양광선이 비치자마자 곧 바로 심장박동의 빈도가 증가한다는 것을 같은 논문에서 읽을 수 있다. 이러한 사실이 어떻게 '생물 분자'의 존재를 증명하는가? 자기장의 적용하에서 대장균의 λ파지 증식에 관한 미생물학적 실험에 대해서 또한 읽을 수 있다. 그러나 그 논문에 주어진 이런 실험의 설명이 우리들로 하여금 그들의 신뢰도를 인정하게 하지는 못한다. 다른 확증을 열거하지는 않는다.

많은 논문과 서적이 '자기성을 띤 물'과 그것의 생물학적 역할에 대해 논의해 왔다[57]. 우선 생물학에 있어서 중요한 물질인 물의 성질에 대해서 생각해 보자. 물에 관한 그릇된 사고 방식의 하나가 그 구조의 느린 이완에 대한 가정, 즉 물로 행하여진 일을 '물로 기억할 수 있다'는 가정이다. 녹은 얼음의 신비한 성질에 관한 보고가 있고, 이러한 물에 특수한 구조가 보존된다는 주장이 있다. 이것은 빙수를 마시는 등산가들이 오래 살고, 어린이들이 아이스크림과 고드름을 좋아하는 이유이다. 이런 사고 방식들은 물의 이완 시간이 십억 분의 일초 정도의 차원임을 보여 주는 물리학에서 잘 연구된 사실에 대한 무지에서 비롯된 것이다. 물을 압력하에서 300~400℃까지 가열한 후 냉각시키는 실험들이 기술되었고[58] 물은 가열한 것을 기억한다고 서술하고 있다. 그래서 물은 더 산성화되고 그 안에 있는 염류들의 용해도가 변한다. 이런 성질들은 오래 보존될 수 있지만 공기와 접하게 되면 없어진다. 결국 가열 후 냉각된 물의 산성화는 산화될 수 있는 또는 CO_2와 상호 작용하는 물질들에 의한 오염으로 설명해야 한다.

자기성에 대해 다시 생각해 보자. 세포와 생물에 미치는 자기장의 가능한 영향에 대해 고찰하는 것이 합당하다. 자기장은 모든 생물 중합체를 포함하는 쌍을 이루는 전자로, 대부분의 분자를 덮는 부류인 반자성 물질에는 거의 영향을 미치지 않는다. 반자성 자화율은 매우 작고 그 때문에 음성 자력을 띤 것은 자장이 꺼졌을 때 빛의 속도로 사라진다. 쌍을 이루지 않는 전자를 포함하는 자유 라디칼, 산소 분자, 그리고 다른 분자들의 상자성체는 더 강하게 자성화되지만, 이 경우 또한 자화(磁化)는 자장이 꺼진 후 열운동에 의해 결정된 속도로 사라진다. 그러나 자유 라디칼은 생화학적 반응에서도 생길 수 있으며, 어떤 화학 반응의 중간 산물은 자유 라디칼 특성인 삼중항상태를 갖는다. 이 경우에 자기장은 생화학적 과정뿐만 아니라 세포에까지 영향을 미칠 수가 있다. 이론적으로는 약간의 자기장에서도 이러한 영향은 나타날 수 있으나 현재까지는 생물학적 현상에서 관찰된 바 없다.

철과 같은 특정한 구역구조를 갖는 강자성체에서만 자성은 잔존한다. 생물체내에서 강자성체가 발견된 적은 없었다. 최근에 와서야 토양 박테리아의 몇몇 종이 자철광을 함유하고 있다는 사실이 발견되었으나, 이것은 매우 드문 예이다.

물은 약한 자기장내에서도 '자화되고' 그 성질이 변한다고 Klassen은 주장한다. 물은 꽃을 훨씬 잘 피게 하고 식물의 씨앗에 작용하여 싹을 잘 트게 하며, 살균 작용을 갖는 '적충류의 식세포 활성'을 증가시킨다[57].

이러한 진술은 신뢰할 만한 실험에 바탕을 둔 것도 아니며, 실험을 반복하여도 같은 결과를 얻을 수 없는 것들이다. '물이 자화된다'는 주장과 부합되는 것으로서 수돗물이 자기장을 지난 후에는 보일러에 미네랄이 적게 축적된다는 자료를 들 수 있다. 이 성질을 활용한 장치들이 오래전에 벨기에에서 특허를 받았고 지금도 소련을 비롯한 몇몇 국가에서 사용되고 있다.

자기장의 영향권내에 놓인 물의 성질이 변하는 사실은 어떤 기술적인 방법으로 뚜렷하게 보여 줄 수 있다. "물이 자화된다"는 주장을 지지하는 사람들은 이러한 영향이 흐르는 물의 '비평형'과 '다분자 구조'를 형성하는 능력에 의해서 결정된다고 말한다. 이와 같은 주장은 순전히 가공적인 것이지, 과학적 사실이 아닌 것이다. 물은 자기장의 작용을 '감응'하지 않는 반자성체이다. 따라서 '자화'를 변호하는 사람들은 새로운 관점을 취한다. 이제 그들은 자기장은 물이 아니라 자연수에 항상 존재하는 용해된 이온에 작용한다고 말한다. 자기장내에서 운동하는 이온은 다음과 같이 표현되는 Lorentz의 힘을 받는다.

$$F = KqHv \sin \alpha \qquad (121)$$

여기서 q는 이온의 전하량, H는 자기장의 세기, v는 이온의 속도, α는 이온의 운동 방향과 자기장 사이의 각도이며, K는 Klassen이 쓴 바와 같이 어떤 상수이다.[57]

그러나 상수 K의 값은 알려져 있다. 그것은 광속도(3×10^8 m/s)의 역수이다. 움직이지 않는 물에서 이온들은 임의의 방향으로 운동을 하기 때문에 그들의 평균 속도는 모든 방향에 대해 영이다. 그러므로 자기장 H는 같은 확률을 갖고 상하 좌우로 이온들을 벗어나게 할 것이다. 그러나 흐르는 물에서는 고른 방향으로 운동한다. 물의 유속을 다소 크게 잡아 v=100 km/h=28 m/s라고 하자. 그렇다면 광속에 대한 유속의 비율(v/c)은 대략 10^{-7}정도의 아주 작은 비율이다. 그래서 용해된 이온들에 대한 자장의 작용은 무시할 수 있을 만큼 작다.

만약 부착물의 제거가 실제로 존재한다면 이것은 어떻게 설명될 수 있는가? 그러한 효과가 수돗물에 강자성 입자의 존재와 관련이 있음을 우리는 쉽게 알 수 있다. 다른 설명이라는 것은 하나의 꾸며낸 이야기이다. 실제로 우리의 진술은 사실에 근거를 두어 왔다. 이 현상의 신비는 진지한 물리학적 연구를 통해 해결되었다.[59]

수돗물이 탄산염, 황산염, 그리고 규산염들로 포화되어 있다면(그들의 용해도는 낮다) 그러한 염은 파이프벽에 결정화되기 때문에 수돗물은 부착물을 형성한다. 만약 몇몇 산화철과 그들의 수화물과 같은 강자성 혼합물을 갖고 있는 물이라면 그들의 자화는 용액 속에서 염의 결정이 일어나고 용기의 벽에서는 일어나지 않게 한다. 그러므로 부착물을 감소시킨다.

분명히 자성을 띤 강자성 입자들은 서로 협동하고 결정의 중심을 이룬다. 이 문제는 명백한 실험에 의해 해결되었다. 즉, 염을 포함하는 물, 그러나 분석화학의 방법으로 검출할 수 없을 정도의 철의 혼합물을 포함하고 있는 순화한 물은 자장의 어떤 영향에도 지배를 받지 않는다. 부착물의 양은 낮아질 수 없다.

이 문제는 지금 해결되었고 콜로이드 화학에서 분류되어졌다. 자장에 의해 생성된 강자성 입자의 상호 협동은 부착물을 제외하고 어떤 것에도 영향을 줄 수는 없다. 그러므로 콘크리트와 벽돌 생산의 촉진, 부유물 분리의 개량, 먼지를 잡을 수 있는 자화수의 확실하고 꾸준한 효과에 대한 진술은 매우 의심스럽다. 그리고 물론 강자성의 상호 협동은 생물학과는 아무런 관계가 없다.

물의 자화이론을 지지하는 사람들은 조용히 지나치든가 그렇지 않으면 기초적인 연구를 생각없이 언급하거나 하는 것이 전형적이다[59]. 부착물 제거의 강자성 원인에 대한 설명은 '기억', 비평형 구조 등을 갖고 있는 물의 가능성을 배제한다는 것을 이해할 수 있다. 이 설명은 농작물의 흉작을 빙자하여 사이비 과학적 억측을 조작하게 해 주지는 않는다.

'자화수'는 그릇된 생물물리학에 내재하는, 공상적인 물질만은 아니다. 너무나도 놀라운 허구이다. 적어도 자화수에 대해 질문을 던질 수도 있고 그것을 실험적으로 답할 수도 있다. 다른 한편으로는 '원생질(原生質, biological plasm)'과 같은 물질은 완전히 과학의 영역 밖에 있으며 그것에 대해 말할 것은 아무것도 없다. 아직 이 생각은 몇몇 사실과 많은 인공적인 것을 설명하는 것이 보통이다.

우리는 '원생질'에 몰두한 한 단행본에서 다음과 같은 것을 읽는다.

(1) 원생질은 건강한 상태에 있는 생물체의 원형질로서 물리학에서는 물질의 네번째 상태를 말한다.

(2) 원생질은 생물체에서 높은 안정도를 갖는 열역학적으로 비평형계이다.

(2) 반엔트로피성은 원생질의 고유한 성질이다.

(4) 원생질은 절대 영도에서도 원형질 상태이다. 물론 절대 영도는 입자들의 역학에너지가 낮아져서 생기는 것이 아니라 그와 정반대이다. 입자를 투과하는 장의 복잡한 역선에 의하여 입자들이 결합함으로써 절대 영도가 된다.

(5) 파동장은 원생질에 동결되어 있다. 결합된 유기체 홀로그램이 형성되며, 아마도 그것이 바로 생물학적 장이다.

이들 주장을 이해하도록 노력해 보자. 물리학에서 플라스마는 이온화된 가스이다. 분명히 그러한 가스는 '생명체의 조건'에서는 존재할 수 없다. 그러면 원생질이란 무엇인가? 그 속에는 어떤 입자들이 들어있게 되는가? 이 질문에 대한 아무런 대답도 찾지 못하고 있다.

두번째 인용문은 '원생질'의 열역학적 비평형에 대하여 언급하고 있다. '원생질'의 정의로서 그것의 내용물과 성질은 완전히 애매모호하다. 우리는 그것에 대해 아무것도 말할 수 없다.

세번째 인용문은 새로운 비물리학적 개념인 반엔트로피성의 도입이다. 그것은 무엇을 의미하는가? 어떤 단위로 그것을 측정할 수 있는가? 이들의 질문에 대한 대답은 하나도 없다. 아마도 네번째 인용문이 반엔트로피성의 의미를 설명하려고 할 것이다. 여기서 우리는 절대영도와 만나게 되나, 이것은 온도가 아니다. 이 절대 영도의 의미는 무엇인가? 어떤 입자들이 복잡한 역선에 의해 '결합'되는가? 그 장은 무엇인가? 그 모호성은 고트 어로 쓰여진 소설처럼 길어만 간다.

네 가지 새로운 개념이 다섯번째 인용문에서 나타난다. 즉, '얼음에 갇힌(frozen in)', 파동장, 유기체 홀로그램, 생물학적 장과 같은 용어의 사용이다. 우리는 그것에 대해 어떠한 대답도 얻을 수 없음이 명백하므로 그 문제점들을 제의하고자 하는 욕구가 사라진다. 인용된 절들은 과학의 언어와는 전혀 성질이 다른 언어로 쓰여지므로 인용된 문장은 물리학이나 생물학과는 아무런 관계도 없다.

원생질(bioplasm)의 '실험적 확증'은 무엇인가?

원생질은 세포분열 유발광선의 존재에 의해 확인되었으며 그것에 관해서는 이미 언급했다.

원생질은 'Kirlian 효과'에 의해서도 확인되었다. 코로나 방전이 있을 때 사람의 신체 부분과 같은 생물학적 대상이 방사한다. 개인의 방사는 그의 육체적, 정신적 상태에 따라 좌우된다. 이러한 의존 관계는 피부의 수분 함량과 관련이 있음이 알려져 왔다. 고주파 방전이 따르는 방사는 몇몇 대상에서 관찰할 수 있다. 그러나 그것은 고유한 생물학적 특성을 갖고 있지 않다. 아마 그것은 어떤 질병의 실험적 진단법에 사용될 수 있지만 원생질과는 아무런 관계가 없다.

마지막으로, 식물의 감응은 원생질의 존재 증명으로서 인용되고 있다[60]. 몇몇 전문잡지와 신문에서 '미국의 과학자 Baxter'가 이런 비상한 현상의 관찰자로서 인용되고 있다. 식물은 사람들의 관심과 기분에 따라 전기적 특성을 바꾼다고 주장하고 있다. 꽃은 주인의 기분을 느끼며, 자기에게 물을 주려는 것인지, 아니면 꺾을 것인가를 알고 있다는 것이다. 그 외에도 그 책[60]에서는 새우들이 끓는 물 속에서 죽어갈 때 그 곳에서 어느 정도 떨어져 있는 식물이 반응한다고 주장하고 있다.

원생질은 어떤 정의나 논쟁이 되지 않는 의미없는 개념이다. Baxter

는 과학자가 아니라 경찰 기사이며, 거짓말 탐지기의 발명가이다. 식물의 감응에 관련된 실험들은 과학과는 아무런 관계도 없다. 이에 상응하는 보고서들은 단지 만우절의 농담으로서나 사용될 수 있다.

'미국 과학자 Kervran'에 의해서 발견된 생물체의 원소들의 변이들도 비슷한 농담이다. 생명체의 원소들이 변이를 일으킨다는 생각은 최초로 황금 달걀을 낳는 암탉에 관해 Asimov가 쓴 과학 공상 소설에서 소개되었다.

생물물리학에서의(그리고 생물물리학에서뿐만이 아니라) 여러 비과학적 관념들의 상호 연결은 매우 전형적이다. 연관된 글을 쓰는 저자들은 항상 서로를 인용한다. 열역학 제2법칙에 위배되는 상상에 대한 논문이나 책은 원생질에 대한 글에서 인용된다. 어느 작은 에세이에서, 우리는 Kervran과 Baxter를 포함하는 그릇된 생물 물리학에 대한 전반적인 생각과 만난다. [61]

지금까지 주로 소련에서 쓰여진 비과학적 글의 일부에 대해서 이야기했으나 비과학은 세계적인 현상이며, 생물학과 의학에 관련된 비슷한 생각들은 어디에서나 만날 수 있다. 소위 필리핀 의학에 대해서 언급하는 것으로 충분하다.

물론 이 장은 생물물리학을 일그러진 거울로 만드는 사람들을 위해 쓰여지지는 않았다. 그들은 비판을 잘 받아들이지 않는다. 이 장은 하나의 경고이다. Lamarck의 말을 인용해 결론을 짓고자 한다. "실제적으로는 그것을 진실로 인정함을 방해하는 끈질긴 요구 때문에 다소 가능성이 있으나 적절한 근거가 없어 많은 개인적인 생각들이 나오자마자 잊혀진다. 물론 똑같은 것이 가끔은 뛰어난 견해나 진지한 의견에 반대나 무관심을 낳게 한다. 그러나 인간이 믿고 있는 생생한 상상에 의해 생겨난 모든 것들을 믿는 것보다는 사실이 일단 이해된 후에는 받을 만한 주의를 얻지 못하고 긴 다툼의 선고를 받는 것이 훨씬 낫다"[62]. 이론과 실험의 높은 기준이 없이 과학은 존재할 수 없다. 이것은 [63]에 자세하게 분석되어 있다.

마지막으로 비과학을 비판하는 필요성에 관한 중요한 질문에 대해 이야기해 보자. 아마 이 주제에 대해 저자나 독자의 시간을 소비하는 것이 가치있는 일은 아니었을 것이다.

이 문제를 전통적인 대화 형식으로 이야기하자.

사이비 과학, 과학적 오류, 윤리학, 미학 및 기타 주요 문제에 관한 대화

저자는 책상에 앉아서 글씨를 쓰고 있다. 적수가 등장한다. 이들은 오랫동안 구면이었으므로 서로 반갑게 악수한 후 대화는 시작된다.

적 수 : 자네 무엇을 쓰고 있나?

저 자 : 물리학과 생물학이라는 짧고 대중적인 책일세. 어디 책의 초안을 보여 줄까?

적 수 : 거 참 재미있겠네. 그런데 잠깐! 자네 책의 마지막 장을 "그릇된 생물물리학에 관하여"라고 하였군. 자네는 소위 사이비 과학을 공격하지 않을 수 없는 것 같은 느낌이군. 지금쯤 싫증이 났으리라고 믿어지는데…. 자네는 이미 이것 때문에 적을 많이 만들지 않았나?

저 자 : 나는 이 마지막 장이 꼭 필요하다고 생각하네. 하지만 자네는 진보적이라 나와 의견이 같지 않다는 것도 나는 잘 알고 있네.

적 수 : 자네가 그릇된 과학과 다투는 것이 옳지 않은 이유를 나는 최소한 네 가지 이상 지적할 수 있네.

저 자 : 어디 한번 들어 봄세.

적 수 : 우선 자네가 그릇된 과학이라고 부르는 현상은 스스로 존재하는 것이 아닐세. 있다면 과학 연구나 교육의 조직상 결함에서 연유되는 것일세. 자네는 전체를 만져 본 것이 아니라 빙산의 일각을 약간 긁어 본 것일세. 다시 말하자면 이러한 일반적 결함을 만져 보기 전에는 그릇된 과학을 논할 수 없을 걸세.

저 자 : 나는 동의할 수 없네. 사이비 과학은 범사회적 현상일세. 이러한 사이비 과학이 성공한 주요 이유 중의 하나는 바로 우리들 자신 때문일세. 태만함과 소심함을 극복하지 못하고 유머 감각이 없는 과학자들 때문일세. 자네의 논리를 따르자면 나는 둘 중에 하나만 택해야 하는데, 그것은 자네의 잘못된 생각이네.

적 수 : 그러면 두번째 논의가 자네를 좀더 납득시키기에 좋으리라고 생각되네. 내 주장은 사이비 과학이 진정한 발전을 저해

하지 않기 때문에 사이비 과학을 모르는 체하고 무시해야 한다는 것일세.

저 자 : 사이비 과학이 진정한 과학의 발전을 저해하는 것은 가능하네.

적 수 : 바로 그것이 내가 세번째로 말하고자 한 것인데 자네가 먼저 말해 버렸군. 어떤 착상을 사이비 과학이라고 낙인 찍는 것은 그 착상을 금지하려는 노력에 불과하네. 이것이 위험한 짓이라는 것을 자네도 동의할 것일세. 자네는 전부를 알지 못하는 상태에 있는데, 만일 자네가 오류를 범하였다면 어떻게 할 것인가?

저 자 : 진정한 과학과는 달리 사이비 과학은 그 지원을 과학의 테두리 밖에서 구하고 있네. 나는 이러한 지원을 기대하지 않네. 나는 그저 내 의견을 발표할 뿐일세. 나는 전능한 힘을 가지고 있지도 않으며, 어떤 것을 금지하지도 않네. 내가 할 수 있고 또 하고자 하는 바는 주로 비과학 잡지에 발표되는 수없이 많은 논문을 논박하는 것일세. 나는 명령을 내리는 것이 아니라 경고를 하는 것일세.

적 수 : 네번째 논의는 제일 중요하네. 자네는 더욱 관용을 가지고 들어야 할 것일세.

저 자 : 글자 그대로의 진정한 의미에서의 관용이 없이는 인간 생활은 존재하지 않을 걸세. 그러나 관용이란 태만성, 소심성 및 기회주의와는 아무 관계가 없네. 어느 것이 더 관용이 있는 것인가? 자네의 의견을 직접적으로 날카롭게 표현하는 것인가? 아니면 '바쁘다'는 이유로 사이비 과학 논문을 전문가에게 보내는 것인가?

적 수 : 사이비 과학과의 투쟁 때문에 과학에서 윤리, 자유 및 자주성의 원리를 어느 정도 위배하지 않게 되나 하는 느낌이 드네. 이러한 자유와 자주성이 없이는 과학은 존재할 수 없네.

저 자 : 나는 그렇게 생각하지 않네. 자유와 자주는 논문의 저자가 누구든지 자기의 연구 결과를 발표할 수 있고 또한 전문가에 의하여 평가될 수 있는 권리를 가지고 있음을 의미하네. 그러나 마찬가지로 전문가는 이를 비평할 권리가 있고, 진정한 민주주의라면 이러한 비평에 귀를 기울여야 할 것일세. 다음에 윤리에 관하여 말하자면 사이비 과학자 자신들

이 이를 위배하고 있다고 말할 수 있네. 그들은 지상을 통하여 널리 선전하고, 자기의 연구 결과와 다른 사람들의 결과를 정직하지 못한 방법으로 제시함으로써 이미 윤리성을 위배하고 있네. 곤궁에 빠지게 되었을 때 윤리성을 부르짖는 것은 그들의 전형적인 태도일세.

적 수 : 과학적 오류는 항상 있을 수 있다네. 사이비 과학과 과학적 오류를 엄격히 구별할 수 있는 판단 기준이 없이는 우리의 논의는 쓸데없는 것 같네.

저 자 : 실험적이나 이론적 추리의 비정확성 때문에 과학적 오류가 생기는 것이지, 과학에서 이미 확립된 명제를 고의적으로 거부하기 위하여 생기는 것은 아닐세. 하지만 이러한 고의적 시도는 사이비 과학에서는 전형적일세. 따라서 과학적 오류는 시간이 지나면 분명해지지만 사이비 과학은 어떻게 통제할 수 없네. 계속 연구하면서 얻은 결과를 분석할 때 과학적 오류는 분명해지면서 수정이 되는 것일세. 진정한 과학자라면 이러한 오류를 제거하는 데 순수하게 관심을 가지고 있으며, 제거해야 한다고만 주장하지는 않네. 반면에 사이비 과학자를 설득시키는 것은 불가능한 일이네. Kapitsa가 이미 이러한 구별을 하지 않았는가?

적 수 : 그러면 열소 이론(산소가 발견되기 전까지 가연물 속에 존재한다고 믿어졌던 이론)은 과학적 오류인가? 아니면 사이비 과학인가?

저 자 : 참 좋은 질문일세. 어떤 이론이나 실험이 처음 도입되었을 때 이들을 독립적으로 다루는 것은 물론 불가능하네. 열소 이론이 존재했을 당시에는 그 이론은 한 체계를 화학 지식화하기 위한 최초의 시도였네. 그렇지만 시간이 지남에 따라서 열소의 개념은 틀리다는 것이 분명해지기 시작했네. 만일 오늘날 누가 열소 이론을 부활시키려 한다면 그는 사이비 과학자라 할 수 있네.

적 수 : 그러면 Niels Bohr의 '미친'이론은 어떻게 생각하나? 상당한 시간이 지나야 비로소 진리가 무엇인지 분명해지는 경우가 있지 않은가?

저 자 : 새로운 착상을 도입하는 이론은 물론 미친 일이라고 간주될 수 있네. 그렇지만 기존 개념보다 실험 사실을 더욱 잘 설명할 수 있다면 그것은 과학 이론이네. 그래서 Bohr 자신

도 그렇게 믿었네. 그의 원자에 대한 궤도 모형은 고전 전자기학 법칙에 위배되었기 때문에 1913년에는 미친 이론이었네. 그렇지만 Bohr의 이론은 최초로 원자 스펙트럼을 정량적으로 설명하지 않았는가? 사이비 과학 이론이나 실험은 아무것도 설명하지 못하네. 이미 알려진 진리를 버리는 것이 아니라 보다 넓은 개념으로 포괄함으로써 과학은 발달하네. 과학의 발달은 비가역적이어서 이미 기존 과학으로 얻고 실험적으로 확인된 바를 없애는 것은 불가능하네. Landau는 다음과 같이 말한 바 있네. "…주어진 정밀도내에서 그 정당성이 실험적으로 입증된, 논리적으로 완전한 이론은 결코 그 의미를 잃지 않는다. 더 정확한 새로운 이론은 기존 이론을 특별한 경우에 적용되는 근사적 결과로 포함하고 있다." 문제점을 정밀하게 분류하고 논리적으로 이론을 제시하고 실험적으로 정확히 판별하는 과학의 일반적인 방법론을 버릴 수는 없네.

적 수 : 그 점은 논박하지 않겠네. 그러나 유명한 발견이 당대의 훌륭한 과학자들에게 거절당한 일이 역사적으로 여러 번 있지 않았나? Ostrogradsky는 Lobachevskty의 기하학을 이해하지 못하였으며, 유명한 화학자 Kolbe는 공간에서 원자 배열에 대한 van't Hopp의 논문을 비웃지 않았는가?

저 자 : 그럴 수도 있네. 과학자도 인간이고 따라서 오류를 범할 수 있네. Ostrogradsky가 Lobachevsky를 이해하지 못했다는 것은 중요하지 않네. 중요한 것은 Gauss가 Lobachevsky를 이해했다는 점일세. 진정한 과학이라면 오랫동안 눈에 안 뜨이게 지낼 수는 없네. 그러나 사이비 과학은 그 저자나 무식한 사람 같은 사이비 과학자에게만 인정받을 뿐이다.

이때 흥분한 방문객이 갑자기 방으로 뛰어들어온다.

방문객 : 저를 아시겠죠? 당신은 내 논문을 불명예스럽게 아무렇게나 다루셨습니다. 그 사유를 말씀해 주시고 사과하셔야 합니다.

저 자 : 죄송합니다마는 저는 당신을 화나게 하고 싶지는 않았습니다. 그렇지만 당신의 논문평에 대하여 더 이상 추가할 것은 없습니다. 내 의견으로는 당신의 논문은 사이비 과학이고

나는 그에 대한 논거를 제시했을 뿐입니다.

방문객 : 그러면 내가 틀렸다는 것을 입증하십시오!

저 자 : 다시 말씀드리지만 나는 과학적 논거를 제시했을 뿐입니다. 그리고 나는 아무것도 증명할 필요가 없습니다. 과학에서는 결백의 추정이란 있을 수 없습니다.

방문객 : 무슨 뜻이죠?

저 자 : 법정에서의 기본적 원리는 결백의 추정입니다. 피고는 자기의 결백을 입증할 필요가 없습니다. 법정이 피고의 유죄를 증명하여야 합니다. 그렇지만 과학에서는 정반대의 상황입니다. 과학에서는 '유죄'의 추정이 있습니다. 과학 논문의 저자는 정의에 의하여 '유죄'입니다. 따라서 당신은 자기가 옳다는 것을 자신이 입증하여야 합니다.

방문객 : 당신의 논리는 내 경우와 아무 관계가 없습니다. 원하신다면 당신 앞에서 내 실험을 반복할 용의가 있습니다.

저 자 : 당신 논문의 그릇된 과학은 일반적 물리 개념에서 직접 유래합니다. 나는 공동 실험을 거절합니다. 의미없다고 생각되는 실험에 시간을 소비할 수는 없습니다.

방문객 : 이제야 정체를 드러내시는군요. 당신의 태도는 반발적이며 과학적 윤리를 전혀 무시한 행동입니다. 어떻게 이런 사람에게 훌륭한 논문을 평가할 수 있게 맡길 수 있는지 모르겠군요.

저 자 : 당신은 원하는 대로 생각하고 말할 자유가 있습니다. 그렇지만 나는 내가 가진 지식과 경험을 근거로 판단할 뿐입니다.

방문객 : 나는 이에 대한 불평을 말할 것이며, 당신은 서면으로 알게 될 것입니다.

방문객은 화를 내며 퇴장한다.

적 수 : 이러한 방문을 받고 즐거운 일이 무엇인지 의문이 가네.

저 자 : 솔직히 말하자면 반가울 일이 하나도 없지.

적 수 : 그와 공동 실험을 거절한 것이 옳다고 생각하나?

저 자 : 물론 옳지. 사이비 과학이나 사기성 논문에서 방법론적 오류를 지적하기는 쉽지 않네. 그러려면 Robert Wood나 Kitaigorodsky 같은 형법학자가 필요하지. 가령 서커스에서

Kio의 환상이 물리학의 법칙과 아무 모순이 없다는 것을 나는 확신하네. 솔직히 말하자면 방문객의 실험을 검사하는 대신 내가 진지하게 해야 할 일들이 많네.

적 수 : 그렇다면 자네는 그를 비판할 수 없지.

저 자 : 정말? 만일 어떤 사람이 새로운 영구 기관에 대한 착상을 가지고 자네에게 왔다면, 자네는 그 자리에서 거절할 것이 아닌가?

적 수 : 그의 잘못이 어디 있는지 보여 주어야 하겠지.

저 자 : 그럴 필요는 조금도 없네. 그가 정직한 사람이라면 그 자신이 잘못을 찾도록 하게.

적 수 : 그렇다면 관습의 기준에 대하여는 무엇이라 하겠는가?

저 자 : 그것은 우리가 늘 하는 이야기지. 넓은 의미로 보자면 관습의 기준에 의하여 사이비 과학이 거절당하는 것은 분명하지. 그러나 물리학자 Migdal이 말한 바와 같이 이러한 경우에는 검사가 필요없지. 이미 그 전에 검사했기 때문에.

적 수 : 내 생각에는 자네가 방문객을 좀더 정중하게 다루었더라면 그렇게 화내지 않았을텐데. 말하다 보면 진리가 나오지 않겠나.

저 자 : 나는 이미 지상을 통해 그를 논박한 바 있네. 더 이상 해보아야 쓸데없는 일이지. 다음에 진리에 관해 말하자면 자네가 방금 말한 대화중에 진리가 생긴다는 식의 상식적 진리가 아니라면 좋겠네. 과학의 역사상 논쟁으로 진리가 생겨난 경우를 하나라도 예를 들어보게. 진리는 진지한 연구의 결과로 생겨나는 것일세. 더구나 우리는 이미 엄밀하게 확립된 진리를 논박할 수는 없네. 예컨대 열역학 제2법칙이나 후천적으로 얻어진 성질의 비유전성 또는 승식표(multiplication table)의 정당성을 논박할 수 없다는 것일세. 미해결 문제의 고려에서 논의나 논박이 필요한 것은 사실이네. 해결된 문제보다 미해결된 문제가 훨씬 더 많기 때문이지.

적 수 : 자네는 사이비 과학과의 투쟁을 너무 감정적으로 다루는군. 과학 문제의 해결에서 감정은 금물이네.

저 자 : 그것은 틀린 이야기일세. 미학적 감정은 과학에서 지극히 중요하고 사이비 과학과의 투쟁에서는 더욱 그러하네. 진리는 아름답지만 사이비 과학은 추할 뿐만 아니라 우스꽝스럽네. 문제가 되는 것은 열정이 아니라 웃음거리일세. 만

일 내 분야가 생물물리학이 아니라 양자역학이라면 사이비 과학에 대하여 말하지 않겠네. 무지의 소치로 양자역학을 거절하려는 시도도 가끔 있지만 실제로 주의를 끌지 못하고 있네. 그러나 생물물리학에서는 사정이 다르네. 이 분야는 아직도 초기 단계에 있으므로 사이비 과학이 범람하고 있지. '원생질'이나 식물의 '초감각적 인지(extrasensory perception)'를 진지하게 연구하는 사람들이 더러 있지. 여기에 과학과 문화에 대한 실제 위험성이 존재하는 것일세.

적 수 : 자네를 설득시킬 수 없군. 그런데 식물의 정신 감응술에 관하여 최근 대중 잡지에서 읽은 바 있네. 이에 관하여 자네가 한 마디 쓰리라 믿네.

저 자 : 한번 읽어 보아야 하겠네. 어디 발표되었는지 알려주게.

적 수 : 물론이지. 하지만 내 이름을 인용하지 말게. 그리고 잘 해 보게.

적수는 악수한 후 퇴장한다. 저자는 어깨를 한 번 움츠린 후 다시 원고를 쓰기 시작한다.

참고 문헌

1. N. Bohr, "Atomic Physics and Human Knowledge." Wiley, New York, 1958.
2. E. V. Shpolsky, "Atomic Physics." Nauka, Moscow, 1974.
3. N. Bohr, *Symp. Soc. Exp. Biol.* **14,** 1(1960).
4. M. Volkenstein, "Cross-roads of Science." Nauka, Moscow, 1972.
5. F. Engels, "Dialektik der Natur." Gospolitizdat, Moscow, 1955.
6. N. K. Koltsov, "Organization of the Cell." Biomedgiz, Moscow, 1936.
7. E. S. Bauer, "Theoretical Biology." VIEM, Leningrad, 1935.
8. V. Volterra, "Lecons sur la Théorie Mathématique de la Lutte pour la Vie." Gauthier-Villars, Paris. 1931.
9. E. Schrödinger, "What is Life? The Physical Aspects of the Living Cell." Cambridge Univ. Press, London and New York, 1945.
10. M. Volkenstein, "Molecular Biophysics." Academic Press, New York, 1977.
11. B. Gray and I. Gonda, *J. Theor. Biol.* **69,** 167, 187(1977).
12. M. Volkenstein, *J. Theor. Biol.* **89,** 45(1981).
13. M. Volkenstein, "Enzyme Physics." Plenum, New York, 1969.
14. L. A. Blumenfeld, "Problems of Biological Physics." Springer-Verlag, Berlin and New York, 1981.
15. J. Watson, "The Double Helix." Atheneum, New York, 1968.
16. J. Watson, "Molecular Biology of the Gene." Benjamin, Menlo Park, California, 1976.
17. B. Katz, "Nerve, Muscle and Synapse." McGraw-Hill, New York, 1966.
18. A. Hodgkin, "The Conduction of the Nervous Impulse." Liverpool Univ. Press, Liverpool, 1964.
19. M. Volkenstein, "General Biophysics." Academic Press, New York, 1983.

20. C. Villee and V. Dethier, "Biological Principles and Processes." Saunders, Philadelphia, Pennsylvania, 1975.
21. J. Bendall, "Muscles, Molecules and Movement." Heinemann, London, 1969.
22. I. Prigogine, "Introduction to Thermodynamics of Irreversible Processes." Thomas, Springfield, Illinois, 1955.
23. P. Glansdorff and I. Prigogine, "Thermodynamic Theory of Structure, Stability and Fluctuations." Wiley(Interscience), New York, 1971.
24. A. Zhabotinsky, "Concentrational Autooscillations." Nauka, Moscow, 1974.
25. G. Ivanitsky, V. Krinsky, and E. Selkov, "Mathematical Biophysics of the Cell." Nauka, Moscow, 1978.
26. J. Monod, "Zufall und Notwendigkeit." R. Piper & Co. Verlag, München/Zürich, 1974.
27. Y. Romanovsky, N. Stepanova, and D. Chernavaky, "What is Mathematical Biophysics?" Prosveshtshenie, Moscow, 1971.
28. Y. Romanovsky, N. Stepanova, and D. Chernavsky, "Mathematical Modelling in Biophysics." Nauka, Moscow, 1975.
29. A. Andronov, A. Vitt, and S. Khaikin, "Theory of Vibrations." Fismatgiz, Moscow, 1959.
30. M. Volkenstein, "Molecules and Life. Introduction to Molecular Biophysics." Plenum, New York, 1970.
31. H. Haken, "Synergetics." Springer-Verlag, Berlin and New York, 1978.
32. E. Wigner, "Symmetries and Reflexions." Indiana Univ. Press. Bloomington, Indiana, 1967.
33. M. Eigen and R. Winkler, "Das Spiel." R. Piper & Co. Verlag, München and Zürich, 1976.
34. M. Eigen, *Naturwissenschaften* **58,** No. 10(1971).
35. B. Dibrov, M. Livshits, and M. Volkenstein, *J. Theor. Biol.* **65,** 609(1977) : **69,** 23(1977).
36. I. I. Schmalhausen, "Cybernetic Problems of Biology." Nauka, Novosibirsk, 1968.
37. A. Jaglom and I. Jaglom, "Probability and Information." Nauka, Moscow, 1973.

38. M. Volkenstein and D. Chernavsky, *J. Soc. Biol. Struc.* 1, 95(1978).
39. M. Bongard, "Problem of Recognition." Nauka, Moscow, 1967.
40. A. Kharkevich, "Selected Works," Vol. 3, Nauka, Moscow, 1975.
41. R. Stratanovich, "Theory of Information." Sovetskoje Radio, Moscow, 1975.
42. H. Quastler, "The Emergence of Biological Organization." Yale Univ. Press, New Haven, Connecticut, 1964.
43. A. Blok, "About the Destination of a Poet." 1921.
44. M. Volkenstein, *Nauka i Zhizn* No. 1(1970).
45. M. Volkenstein, *J. Theor. Biol.* **80,** 455(1979).
46. M. Kimura *Sci. Am.* **241,** No. 5, 99(1979).
47. M. Volkenstein, *J. Gen. Biol.* **42,** 680(1981).
48. G. Chaitin, *Sci. Am.* **232,** No. 5, 47(1975).
49. K. Trintsher, "Biology and Information." Consultants Bureau, New York, 1965.
50. A. Zotin, "Thermodynamical Approach to the Problems of Development, Growth and Growing Old." Nauka, Moscow, 1974.
51. A. Szent-Györgyi, "Bioenergetics." Academic Press, New York, 1957.
52. A. Szent-Györgyi, "Introduction to a Submolecular Biology." Academic Press, New York, 1960.
53. W. Seabrook, "Doctor Wood." Harcourt, New York, 1941.
54. J. Fabre, "La Vie des Insectes." 1911.
55. B. Kajinsky, "Biological Radio-Communication." Acad. Sci. Ukr S. S. R., Kiev, 1962.
56. A. Mikulin, "Active Long Living." Fizikultura i Sport, Moscow, 1977.
57. V. I. Klassen, "Water and Magnet." Nauka, Moscow, 1973.
58. F. Letnikov, T. Kashtsheeva, and A. Mincis, "Activated Water." Nauka, Nobosibirsk, 1976.
59. O. Martynova, B. Gusev, and E. Leontiev. *Usp. Fiz. Nauk* **98,** 195(1969).
60. V. Injushin and P. Chekurov, "Biostimulation by the Laser Ray and Bioplasm," Kasakhstan, Alma-Ata, 1975.
61. G. Sergeev, "Biorhythms and Biosphere." Znanie, Moscow, 1976.
62. J. Lamarck, "La Philosophie de Zoologie." 1809.
63. M. Volkenstein, *Nauka i Zhizn* No. 7(1977).

색 인

□ 역자 소개

홍 영 남

서울대학교 문리과대학 식물학과 졸업

독일 Freiburg 대학 이학 박사

현재 서울대학교 자연과학대학 생물학과 교수

강 주 상

서울대학교 문리과대학 물리학과 졸업

미국 SUNY at Stony Brook 이학박사

현재 고려대학교 이과대학 물리학과 교수

생물물리학

1993년 9월 20일 초판 1쇄 발행
2000년 9월 5일 초판 2쇄 발행

역자와의 협의하에 인지생략

역 자 홍 영 남
강 주 상
발행자 정 진 숙
발행처 (주) 을유문화사

서울특별시 종로구 수송동 46-1
전화 (734) 3515 · (733) 8151-3
FAX. (02) 732-9154
1950년 11월 1일 등록 1-292호
대체구좌 010041-31-0527069
ISBN 89-324-5142-7 93470

값 7,000원

* 잘못된 책은 바꾸어 드립니다.